JN093239

実務に役立つ

食品分析の前処理と実際

中村 洋 〈監修〉

日刊工業新聞社

監修者の言葉

　2020 年は新型コロナ感染症（covid-19）の流行で世界中が近代史で経験した事が無い深刻な被害を受け、あと何年で収束するかも分からない不安な状況が続いている。日本ではステイホームの標語の下、人々は外出自粛を余儀なくされ皮肉にも様々な事を考えさせる時間をもたらした。政府が提唱する"新しい生活様式"も然りながら、国民が現下の with コロナ時代に最も気にするのは、依然として covid-19 の予防、治療など我々の命に関する事柄である。

　日本は高齢化社会と先進医療の進歩により、世界でも屈指の長寿国となって久しい。国民の健康と寿命が、栄養価の高い安全な食品によって担保される事は言を俟たない。更に、我々が日々口にする食品には、栄養素の確保に加えて、有害物質が含まれていない事が求められる。そこで、農産物には土壌中の有害金属や動物用医薬品などが、又水産物については貝毒や有毒プランクトンなどに代表される所謂マリントキシンなどが含まれていない事が求められる。この様な背景から、現在の食品分析では各種栄養素の分析に加えて有害物質の分析が 2 本目の柱となっている。

　本書は、食品分析に携わる方々を主な対象にしており、現場で役立つ実務書となるよう企画した。食品分析では試料のサンプリングと前処理を行った後、クロマトグラフィーなどの分離分析法、又は原子吸光分析法などの分光学的分析法（非分離分析法）などによって分析（検出、定量）が行われる。一般に、正確で精度良い分析値を得るには、これら一連の分析操作の全てが適切に実施されなければならないが、上流の操作に当たるサンプリングと前処理が取り分け重要である。しかし、食品分析の対象となるサンプルは市販の食品や食材が殆どであり、通例はそれらの全量を分析に供するためサンプリングの影響は大きくはなく、それに続く前処理の善し悪しが分析結果に大きく影響するのが実情である。そこで、本書では食品分析に常用される代表的な前処理法を前半（第 1 章、第 2 章）で取り上げ、

その原理とポイントを分析化学的な観点から丁寧に解説した。又、後半（第3章）では実試料中の食品成分分析の実際を斯界の専門家の方々に解説して戴いた。本書が食品分析に携わる実務者の方々のお役に立つ事を希望する。

　本書の構成に際し、適切な執筆者をご紹介下さった（公財）日本食品油脂検査協会・板橋　豊理事長（北海道大学名誉教授）並びに坂本美穂博士（東京都健康安全センター）に深謝申し上げる。

　最後に、本書の発刊に向け辛抱強く編集作業を続けて戴いた土坂裕子氏（日刊工業新聞社出版局）に心より感謝申し上げる。

2020年6月29日

東京理科大学名誉教授　中村　洋

監修・執筆者一覧

＜監修者＞
中村　　洋（東京理科大学　名誉教授）

＜執筆者＞五十音順
穐山　　浩（国立医薬品食品衛生研究所）
伊藤　裕信（一般財団法人日本食品分析センター）
加藤　尚志（株式会社エービー・サイエックス）
北原　由美（一般財団法人日本食品分析センター）
橘田　和美（国立研究開発法人農業・食品産業技術総合研究機構）
橘田　　規（一般財団法人日本食品検査）
河野　洋一（一般財団法人日本食品分析センター）
後藤　浩文（一般財団法人日本食品分析センター）
坂　真智子（一般財団法人残留農薬研究所）
佐藤　秀幸（一般財団法人日本食品分析センター）
髙菅　卓三（株式会社島津テクノリサーチ）
高橋　文人（一般財団法人日本食品分析センター）
竹澤　正明（株式会社東レリサーチセンター）
中村　貞夫（アジレント・テクノロジー株式会社）
中村　　洋（東京理科大学）
中山　　聡（味の素株式会社）
鍋師　裕美（国立医薬品食品衛生研究所）
西川　佳子（一般財団法人日本食品分析センター）
松岡　　慎（一般財団法人日本食品分析センター）
松本　衣里（一般財団法人日本食品分析センター）
三上　博久（株式会社島津総合サービス）
三宅　大輔（一般財団法人日本食品分析センター）
吉田　幹彦（一般財団法人日本食品分析センター）
吉田　充哉（一般財団法人日本食品分析センター）

目　　次

第１章　食品分析における前処理の重要性

第２章　食品分析における試料前処理法

第 3 章　食品成分分析の実際

第1章
食品分析における
前処理の重要性

1.1　化学分析における前処理

　化学分析（chemical analysis）は、試料中に含まれる成分にどの様な物質が含まれるか（定性分析、qualitative analysis）、或いはどの程度の量が含まれているか（定量分析、quantitative analysis）を主として化学的な手法を駆使して明らかにする操作であり、通常の化学分析には**図 1-1-1** に示したような順序で進められる。所が、化学分析は試料にいきなり適用出来る訳ではなく、殆どの場合に予め前処理（pretreatment）を行わないと実試料の分析は不可能である。

　それでは何故、前処理が必要かと言うと、分析の対象となる物質（分析種、analyte）に比べて、試料中には様々な成分（マトリックス、matrix）が大量に含まれているため、それらが分析種の分析を妨害するからである。「試料＝マトリックス＋分析種」の関係（**図 1-1-2**）にあるが、量的にも濃度的にも常に「マトリックス≫分析種」の関係にあるので、試料を分析する場合には前処理が不可欠である場合が殆どである。

1.2　試料前処理の目的と留意すべき点

　前処理の目的は、試料中の妨害物質を除去する事に加えて、分析種の濃度や量が測定機器の感度を上回る様に濃縮する事が二大目的である。その際、妨害物質の除去も分析種の濃縮も主にクロマトグラフィー的な手法を用いて実施され、分析種の精製度の向上が図られる。その他にも、前処理の目的は多様であり、**表 1-2-1** に示すものなどがある。

　前処理が行われる目的は、機器分析法が発展する過程で固まって来たが、最近の高速液体クロマトグラフィー（high performance liquid chromatography, HPLC）や超高速液体クロマトグラフィー（ultra-high performance liquid chromatography, UHPLC）の検出器に質量分析計（mass spectrometer, MS）を用いる高速液体クロマトグラフィー質量分析法（LC/MS）の普及に伴って、分析種のイオン化効率を向上させる事も重

図 1-1-1　化学分析における一般的な操作の流れ

試料＝マトリックス＋分析種

図 1-1-2　試料、マトリックス、分析種の関係

要な目的となっている。具体的には、イオン化を抑制するマトリックス成分の濃度を極力低下させる前処理であり、生体試料についてはリン脂質の除去が大きなターゲットになっている。

　しかし、前処理の実施に当たっては、**表 1-2-2** に挙げる弊害があり得る事に十分留意しておく必要がある。1つは、環境や実験器具などから試料が汚染される可能性であり、もう1つは様々な要因によって試料の変質（分析種、マトリックス成分の濃度変化）が起こり得る危険性である。試料中の化学成分同士の反応や微生物の繁殖によって、元々の試料には含まれていなかったアーティファクト（artifact、人工生成物）が生成する事も

ある。一般に、温度、水分、時間は試料変質の３大要素と言われ、可及的
速やかに分析する事が肝要である。止むを得ず前処理の途中で試料を保存
しなければならない場合には、低温で可能な限り乾燥状態に保つ事が重要

表 1-2-1　試料前処理の主な目的

目的	使用する主な手法
分析種の濃縮	固相抽出、溶媒抽出、超臨界流体抽出、イオン交換、蒸発、凍結乾燥など
妨害物質の除去	固相抽出、溶媒抽出、イオン交換、蒸発、ゲルろ過など
分析種の検出感度の向上	誘導体化（蛍光、化学発光、電気化学、質量分析など）
分析種の分離能の向上	誘導体化
分析種の安定化	誘導体化
分析種のイオン化効率の向上	固相抽出、溶媒抽出、イオン交換、蒸発、ゲルろ過など
分析種の可溶化	破砕・粉砕・細断などの後、界面活性剤などの可溶化剤を添加
抱合体の加水分解	化学的（酸、アルカリ）、酵素的、マイクロウェイブ

表 1-2-2　試料前処理に潜む危険性

危険性	原因	主な具体例
試料の汚染	環境	大気成分の混入
		冷蔵庫中の揮発成分の混入
		実験者のフケ、皮膚、呼気、着衣
	器具・器材	材質からの漏出
	試薬・溶媒	不純物、分解物、安定化剤
	微生物	産生物、代謝物
試料の変質	液体の揮発	分析種濃度の増加
	標準物質の混入	
	微生物による産生	
	器壁・器材への吸着	分析種濃度の減少
	分析種の揮散	
	共存物質との反応	
	微生物による代謝	
	化学反応	アーティファクトの生成
	微生物代謝	

である。

1.3 試料前処理に使用される手法

　試料前処理は、分析に使用する検出法（測定法）にとって十分な感度、共存成分による妨害を受けない選択性、の２つが確保出来る程度に迄、精製度を向上させる事が必要である。換言すれば、前処理は試料中に存在する分析種の濃度とマトリックス成分を考慮して成されるべきものであるが、

表 1-3-1　食品試料中の無機化合物、有機化合物の主な分析目的と対応する分析法・前処理法

化合物	主な分析目的	使用する主な分析法	主な前処理法	備考
無機化合物	元素分析	原子吸光法	灰化	金属元素
		ICP 発光分析法		
		ICP-MS		
		蛍光 X 線分析法		
	組成分析	イオンクロマトグラフィー（IC）	固相抽出	ハロゲン元素
有機化合物	元素分析	上記元素分析法		
		ガスクロマトグラフィー（GC）	揮発性誘導体化	C, H, N, S
	組成分析	（加水分解）GC（/MS）	酸加水分解 アルカリ加水分解 酵素的加水分解	構成糖・アミノ酸
		（加水分解）LC（/MS）		
	配列分析	ペプチドシークエンサー法		アミノ酸配列
		DNA シークエンサー法	PCR	組み換え食品
		ゲル電気泳動		
	定量分析	GC, GC/MS, GC/MS/MS	固相抽出 誘導体化 溶媒抽出	
		LC, LC/MS, LC/MS/MS	固相抽出 カラムスイッチング 誘導体化 溶媒抽出	
		イムノアッセイ	固相抽出	

主として分析種の種類と存在濃度によって採用すべき前処理法が決まる。

　分析種が無機化合物の場合には、元素分析が主目的になるため破壊的な分析法が採用される事が一般的である。これに対して、分析種が有機化合物の場合には、分子構造を保ったまま測定出来る非破壊分析法が専ら使用される。分析種の種類、分析目的、主に使用される分析法の関係を食品分析に焦点を当てて**表 1-3-1** に示す。

　表 1-3-1 から分かるように、分析種が無機化合物の場合には試料を本格的な分離分析法で分離する操作をせず、原子スペクトル分析法に属する原子吸光法や ICP-MS などが専ら使用される。これは、原子発光や原子吸光が原子に特有な現象であるため、原子スペクトルから元素の同定と定量が出来るからである。

　これに対して、有機化合物が分析種の場合にはクロマトグラフィーを中心とする分離分析法で試料成分を分離した後、分子スペクトル分析法に属する検出法で定量が行われるのが一般的である。有機分析の前処理には、固相抽出が一般的に使用されており、食品分析にはこの他にも**表 1-3-2** に示す様々な前処理法が使用されている。

1.4　食品分析における前処理の重要性

　実試料における前処理の重要性については言を俟たない。既に表 1-2 において、試料前処理に潜む危険性の代表例として試料の汚染とアーティファクトの生成に触れたが、現状では試料前処理は殆どの場合に不可避である。前処理は実施すれば良いと言うものではなく、過不足なく行う事が秘訣である。

　先ず、気を付けなければならない点として、**表 1-4-1** に代表的な不適切な前処理例・弊害・解決策を示す。実験に使用する器具類や試薬・溶媒類を適切に選択する事に加えて、不必要な前処理も不十分な前処理も正確な測定値を与えない事を忘れてはならない。表 1-4-1 はどちらかと言えば消極的な意味での留意点であるが、**表 1-4-2** に掲げた積極的な改善策と併せて用いれば前処理の有効性は更に向上する。即ち、試料は適正に前処理し

表 1-3-2 食品分析に使用される主な前処理法

主な使用原理	前処理原理	備考
機械的前処理	粉砕	
	切断	
	振盪	溶解促進
	擦り潰し	抽出効率向上
	混合	均一化
	攪拌	均一化
物理的前処理	デカンテーション	
	ろ過	
	遠心分離	
	再結晶	
	脱水	
	乾燥	
	蒸留	
	蒸発	
化学的前処理	洗浄	
	pH 調整	溶媒抽出用
	灰化	
	溶解	
	希釈	
	加熱	
	濃縮	
	沈殿	
	溶媒抽出	
	固相抽出	
	超臨界流体抽出	
	誘導体化	
生化学的前処理	細胞破壊	
	ホモジナイジング	
	可溶化	
	細胞分画	
	凍結乾燥	
	加水分解	
	除タンパク	
	脱脂	
	脱塩	
	透析	
	磁気ビーズ法	
	PCR	DNA 解析
分離分析法による前処理	薄層クロマトグラフィー	掻き取り分取
	イオン交換クロマトグラフィー	解離性物質用
	逆相 HPLC	疎水性物質用
	浸透制限カラムクロマトグラフィー	オンライン精製
	カラムスイッチング	オンライン精製
	ゲル電気泳動	切り取り分取

表1-4-1　不適切な前処理例とその弊害・解決策

原因	例	主な弊害	解決策
器具類	器具類が試料量に比べて大き過ぎる	分析種が器具類に吸着する確率が増大し、分析値が小さめとなる	丁度良い大きさの器具類を使用
	器具類の形状が不適当	満足の行く操作が行えない	操作に適した器具類を使用
	器具類が分析種を吸着し易い	分析値が小さめとなる	分析種に応じた器具類の使い分け
	器具類から成分が漏出する	ブランク価やノイズとなり測定を妨害する	成分が漏出しない器具類を使用
	器具類の遮光性が低い	試料成分が光分解する	遮光性がある器具類を使用
	器具類の気密性が不足	試料成分の揮散、大気成分の混入・反応	気密性が高い器具類を使用
試薬・溶媒	試薬・溶媒の純度が低い	不純物が測定を妨害する	高純度試薬を使用する
	溶媒中の安定化剤	安定化剤が測定を妨害	安定化剤を除去してすぐ使用。又は安定化剤が無添加の溶媒を使用
	劣化した誘導体化試薬	誘導体化率の低下と加水分解物の出現	新しい誘導体化試薬を使用
	古くなったエーテル系の溶媒	生成した過酸化物が分析士種を酸化・分解	古い溶媒を使用しない
	古くなったハロゲン系の溶媒	溶媒の光分解物が分析種を酸化・分解	古い溶媒を使用しない
不適切な前処理	不必要な前処理操作がある	操作と時間が余計に掛かるため、操作ミスと分析種の酸化・分解などが起き易い	不必要な操作を設計しない
	操作時間が足りない	操作目的が達成出来ない（撹拌、反応、抽出等）	操作時間を十分に取る
	操作時間が多過ぎる	副作用が起きる（空気酸化、光分解等）	操作時間を適切にする
	内標準の添加時期が遅い	添加前の操作が保証出来ない	一連の操作の最初の段階で添加
	実験者・着衣が汚染源となる	フケ・皮膚片・唾液・呼気の混入、指先の接触	キャップ・マスク・手袋等で汚染を防ぐ
	実験室の喫煙者・真空ポンプ	紫煙物質・微小油滴が試料を汚染	汚染源を除去

表 1-4-2　効率的な前処理を行うための基本戦略

検討順序	検討事項	説明	ポイント
1	試料・分析種の決定	使用出来る試料量と分析種の推定濃度が判断材料	
2	分析法の選択	分析種とマトリックス成分の濃度・特性を考慮して決定	分析種の特性が際立つ分析法を選択する
3	前処理の必要性	前処理が必要かどうかを検討	
4	前処理法の組み立て	前処理は単独の方法か組み合わせかを検討	
5	前処理法の決定	操作時間、器具、精製度、回収率等を総合して決定	分析種のロスと汚染に配慮した方法
6	回収率の測定	分析種の標準品で回収率を検討	原則として回収率が 90% 以上の前処理法を採用
7	添加回収率	実試料に酷似した試料で回収率を検討	原則として回収率が 80% 以上の前処理法を採用
8	検量線法の選択	内標準法、標準添加法等で定量法を検討	

なければならないが、どの様な手法でどの程度行えば良いのかはケースバイケースであり、添加回収試験を行って適正な前処理法を確立する必要がある。

1.5　分析法の現状

　現在の分析法は、食品分析に限らずどの分野においても機器分析法が主力となっている。中でも、豊富な情報量と高感度・高選択的分析能を具備する MS を HPLC、UHPLC、ガスクロマトグラフィー（gas chromatography、GC）、キャピラリー電気泳動法（capillary electrophoresis、CE）などの高性能分離分析法と組み合わせた LC/MS、LC/MS/MS、GC/MS、GC/MS/MS などが分析法の質を飛躍的に向上させている。このような機器分析において、分析全体の信頼性を左右するのが図 1-1-1 の上流に位置するサンプリングと前処理であり、これらの操作にこそ分析者の力量が現れる。HPLC が実試料の分析に適用され始めた 1970 年代以降、『前処理が出来れ

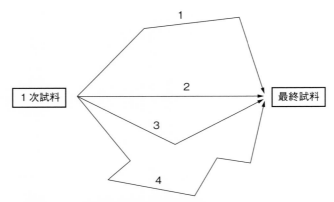

図 1-5-1　実験者の能力による前処理の効率（イメージ）

ば一人前』と言われたものであるが、機器分析法が進化した現在においてもこの認識は変わらない。

　例えば、4 名の実験者が一次試料に必要な前処理を施して最終試料に仕上げる場合、実験者の手腕によって**図 1-5-1** のようなプロセスを辿ったとする。この場合、出来るだけ簡単な操作で短時間に最終試料に仕上げた実験者 2 が、最も効率的な前処理を行ったと評価できる。

　満足の行く前処理を行うには、分析種とマトリックス成分の化学的性状を理解しておく事は無論、生物学的な知識を有している事も求められる。生体系が働いている状況では、分析種が消費されたり代謝されたりする可能性があるため、酵素系が働かなくなる様な前処理が必要である。試料と分析種が同じであっても、前処理をどの様な手法で構築するかは、大いに実験者の経験と知識に依存する。

　分析法に汎用される前処理法についてはハンドブック[1]、又最近の LC/MS 分析や LC/MS/MS 分析における前処理については書籍[2-5]を参照願いたい。

1.5

引用文献

1）中村　洋監修、「分析試料前処理ハンドブック」、pp.1-22, 丸善（2003）.
2）中村　洋監修、「LC/MS, LC/MS/MS の基礎と応用」、オーム社（2014）.
3）中村　洋企画・監修、「LC/MS, LC/MS/MSのメンテナンスとトラブル解決」、オーム社（2015）.
4）中村　洋企画・監修、「LC/MS, LC/MS/MS Q & A 100 虎の巻」、オーム社（2016）.
5）中村　洋企画・監修、「LC/MS, LC/MS/MS Q & A 100 龍の巻」、オーム社（2017）.

第 2 章
食品分析における
試料前処理法

2.1　機械的な前処理法

2.1.1　粉砕・すり潰し

　近年の分析手法の発達により、食品分析において実際の分析に供される試料量は試料そのものの採取量と比較すると一般的に小さく、分析値が全体を代表する値をもつためには、十分に均一化されている必要がある。又、試料の溶解・分解・融解などを促進するために微粒子化が必要となる場面でも、粉砕・すり潰し（磨砕）などの前処理が必要とされる。

　食品分析における分析試料の採取や均一化において重視すべきポイントは、①採取した試料が全体を代表するものである事、②採取した試料の分析対象成分が前処理中に変質しない事である。前処理後に変質する可能性もあるため、前処理後は速やかに分析する事が望ましい。

　食品試料はその性質上、材料として用いられるものにしろ、加工品にしろ、同一検体中でもその成分が異なる事が多い。そのため、どの部位を分析する必要があるのかが、明確に決定されている場合も多い。更に、複数個体の代表値としての分析値を求められる場合には、サンプリングをどのように行うかについても考慮しなければならない。

　食品分析で用いられる粉砕用の道具としては、ボールミルやブレンダー、自動乳鉢などの専門装置が挙げられるが、市販のジューサーミキサーやフードプロセッサー、コーヒーミルなども有効である。非常に硬い穀物類などは専用の装置が必要となる事が多いが、それ以外の肉・魚介・野菜などは、これらの市販品でも十分な粉砕・すり潰し効果が得られる。

　但し、ビタミン類や一部の農薬などでは粉砕時に酸化や分解などが生じる場合があるため、それぞれ個別に何らかの処理や薬剤の添加などにより、これらの悪影響を防ぐ必要がある。ビタミンＣ分析におけるメタリン酸処理などが有名であるが、それぞれの手法については本書の各論部分や参考書籍を参考にして頂きたい。

　穀物などの乾燥試料には、ローターミル、ローラーミル、ボールミルな

どを用いる事が出来る。ローターミルやローラーミルは円柱内に設置されたローター刃やローラーを円柱状のスクリーンと接する形で回転させ、その衝撃力や磨砕力で粉砕する。穀物などにも対応し、比較的熱負荷が小さい事が特徴である。又、スクリーンの目を変化させる事で遠心力による分級も同時に行う事が出来る。

ボールミルは、円柱内に試料とボールを入れた状態で回転させ、ボールと容器との間の衝撃力と磨砕力により粉砕する手法であるが、試料の回収が難しいため使われる場面は限られている。それほど硬くないものであれば、市販のコーヒーミルを利用する事も可能である。しかし、専用機と比較すると、熱の発生が大きくモーターの耐熱性も低いため、長時間動作させないなどの注意が必要である。

なお、脂質や水分の多い試料の場合は脱脂操作や予備乾燥を事前に行う必要があるなど個々の試料の特徴に応じた使い分けが必要である。

水分量が多い試料の場合は、乳鉢やミキサー、ホモジナイザーなどが利用可能である。少量であれば、家庭用のフードプロセッサーも利用出来る。乳鉢は粉砕・すり潰し用の前処理器具としては最も古典的、且つ一般的であるが、前述の乾燥試料を含む乾式磨砕も抽出溶液を加えた湿式、或いは凍結処理を行った試料にも適用可能で、比較的熱を加えずに磨砕出来る。しかし、試料量が多い場合は他の手法と比較すると効率が悪く、吸湿性又は揮発性物質を含む場合には処理時間の影響が大きくなると言う弱点もある。しかし、自動乳鉢を利用する事で作業者の負担を軽減する事が出来る。

市販フードプロセッサーは、ナイフミルやカッティングミルと同等と考えて良い。特に水分を多く含む試料に適しており、肉や魚介など比較的柔らかい試料を少量扱う目的であれば、十分に使用可能である。但し、こちらもモーターの耐熱性が専用機より低いため、長時間動作させないなどの注意が必要である。

2.1.2 切断

切断を伴う前処理として食品分析において最も重要なものの1つに、

「縮分」と呼ばれる操作がある。白菜やキャベツなどの大型、且つ球状に近い試料の場合には、4分割若しくは上下もプラスして8分割し、それぞれ対角に当たる部分を用いる。又、魚の場合には三枚に下ろした後、一定間隔ごとに一定幅を切り出し、これを磨砕して均一化する。

　又、食品分析は基本的に可食部が分析対象になる場合が多いため、非可食部を除去する際にも切断を伴う作業が生じる。但し、目的に応じて分析対象とする部位が異なる事には注意が必要である。

　肉中の水分を始めとする一般成分を分析する際には、脂身の偏在で成分の含有量が変化する場合があるため、筋肉部分と脂肪部分が均等に含まれる様に調整してから均一化する必要がある。又、残留農薬・医薬品分析の場合にはそれぞれを明確に区別して調製する必要があるため、筋肉からは脂肪分をなるべく取り除き、脂肪からは筋肉をなるべく取り除いてから細切りにして均一化する必要がある。この様に各試料について、特別な配慮が必要な場合があるので、参考資料を中心とした各種規定には必ず目を通しておくべきである。

　切断を伴う前処理器具として、最も一般的なものは包丁やナイフなどである。特に無機成分を分析する際には、試料のコンタミネーションを防ぐ意味でもセラミック製のものを用いるのが望ましい。又、まな板にもプラスチック製のものを用いるべきである。魚を三枚に下ろす、肉を部位ごとに切り分ける、野菜などの可食部を切り分けるなど、包丁やナイフを用いるのが適切な場面は多い。更に、肉の筋や魚の皮、弾性のあるゼリー製品などは他の機器では粉砕し難いため、包丁やハサミなどで切断する必要がある。

　ナイフミルやカッティングミルと呼ばれる装置もある。ナイフミルは市販のフードプロセッサーも同様の機構をもつが、容器内で回転刃を回転させる事により、試料を切断・均一化する。余り固い試料には適さないが、乾燥試料から水分の比較的多い試料まで幅広く対応可能である。

　これに対し、カッティングミルはスクリーン内で刃を回転させて試料を切断し、スクリーンの目よりも細かく切断したものを外部に取り出す機能がある。どちらも前述のローターミルなどよりは粗い処理になるが、広範

囲の試料に対応可能である。

2.1.3　細胞破壊・ホモジナイズ

　細胞破砕やホモジナイズにより得られる懸濁液を「ホモジネート（homogenate）」と呼ぶが、狭義としては細胞膜のみが壊され、核やミトコンドリアなどの細胞内小器官は残っている状態を指す。

　細胞のみの状態で破壊すると、得られるホモジネートは非常に濃厚なものとなってしまうため、通常は適当な溶媒中で細胞破砕を行う。当然、その時用いる溶媒の種類によっては、何らかのダメージが細胞内の成分に与えられてしまうため、目的に応じた溶媒を選択する必要がある。生化学の分野ではショ糖、グリセロール、エチレングリコール、マンニトールなどの多価アルコールがイオン強度が低く水に対する溶解度も高い事からよく用いられる。タンパク質の高次構造を安定化する性質をもつという利点もある。

　ショ糖を用いて浸透圧をコントロールするために、動物細胞では 0.25 mol/L のショ糖溶液がよく用いられる。但し、ショ糖液などを用いると電荷を帯びた成分が静電的に細胞内の構造成分などに吸着してしまう事があるため、このような妨害を防ぐために塩類のみを含む溶液も用いられる。イオン強度が高過ぎると細胞内の成分の多くが凝集してしまう事もあるため、適切なイオン強度を選択する必要がある。溶媒全体の pH を中性若しくは弱アルカリ性に保つ目的で、緩衝液もよく用いられる。また、細胞破砕時に細胞内に含まれる各種の分解酵素が目的成分を変質させてしまう事もよくあるため、これを防ぐために各種の阻害剤が添加される事もよく行われる。

　得られる細胞画分間の相互作用や共沈のリスクを減らすために、なるべく希薄なホモジネートを作成する事が望ましい。組織湿重量に対する 9 倍容の溶媒を加えた 10 ％ホモジネートが最も一般的であるが、組織材料が多量の場合には操作上の問題もあるため4倍容を加えた20％ホモジネート、3倍容を加えた25％ホモジネートなども用いられる。食品分析の分野にお

いては、目的成分の性質に応じた有機溶媒がよく用いられる。それぞれの
目的成分と組織の種類に応じた溶媒が選択されるため、詳細については参
考資料や各論を確認して頂きたい。

　ホモジネートの調製には、ホモジナイザーが一般的に用いられているが、
より大量の試料を処理する場合にはフードプロセッサーやミキサーも使用
可能である。これらの製品は一般に「ブレンダー」と呼ばれ、特にワーリ
ング（Warring）社の製品が非常に有名で「ワーリングブレンダー」など
と呼ばれる事もある。

　現在最も広く利用されているホモジナイザーは「ポリトロン形」と呼ば
れるもので、シャフトの先端部分に「ジェネレーター」と呼ばれる固定外
刃と回転内刃が取り付けられた構造をもつ。液中にシャフトを入れた状態
で内刃を高速回転させる事により溶液と共に試料を吸い込み、内刃の先端
で粗砕を行うと共に、内刃から外刃の窓を通って放出される直前に内刃と
外刃の間で微砕が行われる構造になっている。また、高速に回転する内刃
と外刃の窓の間で超音波や高周波などが発生し、更なる微砕や均一化が行
われるため、処理時間が短くなり熱などによる悪影響も出難いと言う特徴
をもつ。据え付け形から手持ち形まで幅広いサイズが市販されており、広
く利用されている。

　その他、超音波形や圧力形などのホモジナイザーも市販されているが、
これらは細胞が分散した状態での細胞破砕に向いている装置のために食品
分析では使い難い場面が多く、ボールミルの方が適切な場合もある。又、
極少量の試料をホモジナイズする場合には、エッペンドルフチューブなど
を外筒に用いる「ホモジナイザーペッスル」と呼ばれる製品も市販されて
おり、目的や試料に応じて適切な手法を選択する事が重要である。

2.1.4　振盪・攪拌・混合

　振盪とは、試料容器自体を動かす事で容器中の試料を振り混ぜたり混合
したりする操作の事を言う。液液抽出における分液漏斗や遠沈管による振
り混ぜ操作も振盪操作の1つである。勿論、固液抽出における振り混ぜ操

作も振盪操作に含まれる他、篩（ふるい）による振り分け操作も含まれる。穀物など
の試料を粉砕した後、篩による分級操作により粒度を揃える。篩の目の大
きさの単位として日本工業規格（JIS）では μm を用いているが、米国タイ
ラー（Tyler）社のメッシュが用いられている場合も多いので、注意が必
要である。

　攪拌・混合は 2 種類以上の物質を均質化させるために行う操作で、液体
と液体、若しくは液体と固体を混合均一化させる操作を特に「攪拌」と呼
ぶ。前述の振盪操作も混合を行うための操作の 1 つである。最も単純な攪
拌操作は、ガラス棒などによるかき混ぜ操作である。

　振盪器は、分液漏斗などをセットして垂直に振り混ぜるものや、ビーカ
ーやフラスコ、或いはウェルプレートなどを水平に回転して内部の溶液な
どを振盪するタイプがある。水平タイプのものでも、往復運動、旋回運動、
楕円運動など、溶媒の粘度や目的に応じた振盪方法を選ぶ事が可能となっ
ている。垂直運動させる方が、より効率良く振盪操作を行う事が可能であ
るが、漏洩などのリスクも大きいので適切な容器を選ぶ必要がある。

　攪拌操作を行う装置として最も一般的なものは、マグネチックスターラ
ーである。磁石をテフロン樹脂などでコーティングした攪拌子を用いる場
合が多く、攪拌子の大きさや形状なども様々なものが用意されている。し
かし、粘性の高い試料などを攪拌したい場合には、据え付け式のラボスタ
ーラーなどが用いられる。こちらはシャフトの先端に攪拌用のプロペラを
付けたものをモーターで回転させる事により攪拌を行う装置で、粘性の高
い試料にも対応可能である。

　しかし、これらの装置は比較的容量の大きい場合にしか取り扱えないた
め、極少量の試料を取り扱う場合には「チューブローテーター」などと呼
ばれるタイプのものが用いられる。これらは、エッペンドルフチューブな
どを円盤状に取り付け、この円盤を回転させる事で容器内での攪拌・振盪
を行うものである。回転数を高くする事は出来ないが、その分マイルドな
攪拌・振盪が行える。この他にも、2 本の回転ローラーの間に遠沈管やバ
イアルなどを横置きにして回転させる事により、攪拌を行うタイプの装置
もある。こちらもよりマイルドな攪拌を行うための装置であり、回転数は

それほど高く出来ない。

2.2　物理的な前処理法

2.2.1　デカンテーション・ろ過

　デカンテーション（decantation）は、溶液内の沈殿を分離する際に行う手法の１つで、日本語では「傾斜法」とも呼ばれている。十分に沈殿させた容器を傾斜させ、上清のみを流出させる。容器内には沈殿と少量の溶液だけが残り、簡便に沈殿と上清を分ける事が出来る。

　しかし、沈殿が十分に沈降している事が必要であり、なお且つ十分に強固な沈殿でなければ難しいため、後述の遠心分離などを組み合わせて強固に沈降した沈殿を作る手法が一般的である。その理由は、デカンテーションはろ過に比べると良好な固液分離を行うのは難しいものの、簡便であり、大量の液量を処理し易く、ろ材などからのコンタミネーションが起こり難く、熟練者であれば上清のロスをより少なく出来るなどの特長があるためであり、分析対象によっては好まれる場合が多い。

　ろ過は、ろ材を用いて固相と液相の分離を行う手法を言う。ろ材として古くから用いられて来たのはろ紙であるが、現在ではメンブランフィルターが最もよく用いられている。ろ紙やガラスフィルターを利用したろ過を「一般ろ過」、メンブランフィルターを用いたろ過を「精密ろ過」と区別する事もある。最終的な分析の前に行うろ過では、一般には「精密ろ過」を行う必要がある。

　食品分析の場合にも、ホモジネートなどからの粗抽出液から不要物を取り除く際には一般ろ過を使用すべきであるが、懸濁物の多い試料の場合にはむしろ「粗ろ過」を検討すべきである。「粗ろ過」は「一般ろ過」と「精密ろ過」の中間的なろ過を指し、ナイロンやポリプロピレンなど様々な素材とした孔径 1 μm 前後の「プレフィルター」と呼ばれる製品や、10〜100 μm 以上の「ネットフィルター」と呼ばれる製品が利用される。これらは懸濁状態になる試料溶液の粗ろ過に有効である。その他、珪藻土（セライ

ト）などのろ過助剤を用いる手法も古くから知られている。懸濁液中に適量の珪藻土を加える事により、目詰まりを防ぐと共に、より清浄なろ液が得られる事が知られている。

この他、最近では精密ろ過用のメンブランフィルターの上にプレフィルターが設置された二重構造のフィルターも市販されている。特に微量の試料を取り扱う96ウェルプレート型のフィルターなどで、目詰まりを防ぐために採用されている。

ろ過を行うためには、ろ液に対して何らかの力を加える必要がある。一番簡便なのは重力を用いる手法であるが、試料の状態だけではなく、ろ材の種類と溶媒の組み合わせによっても、通液性に問題がある場合には吸引などの手法を用いる必要がある。

最近では、水或いは有機溶媒を通さないフィルターを用いる事で敢えて溶液を保持し、シリンジカラムやウェル中で除タンパクや酵素加水分解を行えるタイプのフィルターも市販されており、これらは当然通液させるために何らかの力を加える必要がある。特に微量試料を扱うエッペンドルフチューブ、或いは前述した96ウェルプレートに内蔵するタイプのフィルターでは、減圧型のマニフォールドが使い難いために加圧型のマニフォールドを用いた方が有利であるが、遠心分離機を用いた遠心力により通液させる方法が広く用いられている。

又、HPLCやLC/MS用にフィルターがセットになったタイプのバイアルも市販されており、試料溶液を入れたバイアルにフィルターの付いた内筒を押し込むだけで、清浄な試料溶液を得る事が出来る。一般的なメンブランフィルターを用いる場合よりもデッドボリュームを小さくする事が出来るため、微小量且つデカンテーションしただけなどの微粒子が残存している可能性のある試料溶液でも、カラムや配管の詰まりなどのトラブルを容易に防ぐ事が出来る。

2.2.2　遠心分離

遠心分離機は、現在では前述の通り試料溶液中の不溶物を分離する目的

21

や除タンパク操作などで生じた沈殿の分離などの他、ろ過や様々な固相抽
出などの通液の駆動力としてなど広い範囲で用いられている。冷却を含む
温調機能の付いた遠心分離機を用いる事で、温度の影響を受け易い成分も
変質させる事なく処理可能であり、同一の装置を用いれば処理条件を一定
に保つ事も容易である事から、広く活用されている。

　一般に遠心分離機では、同一の装置・ローターを用いている場合には回
転数によりどのような遠心力を与えたかを比較する事が出来るが、異なる
装置・ローター間での比較を行うためには、遠心加速度の単位として遠心
加速度を地球の重力加速度との比で表した相対遠心加速度（relative
centrifugal force, RCF）を用いる。RCF の単位記号としては通常「G」、若
しくは「$\times g$」が用いられる。

　質量 m kg の物質を回転半径 r m、回転角速度 ω rad s^{-1} で回転させた場
合に発生する遠心力 f は式 1 により表される。

$$f = mr\omega^2 \tag{1}$$

　又、ローターの回転数を n とすると、角速度 ω は式 2 で表せる事から、
地球の重力加速度 $g = 9.80665$ m/s^2 より式 3 が成り立つ。

$$\omega = 2\pi n/60 \text{ rad s}^{-1} \tag{2}$$

$$\text{RCF} = \frac{\omega}{g} = r \cdot \left(\frac{2\pi n}{60}\right)^2 \cdot \frac{1}{9.80665} \tag{3}$$

　これを計算して整理すると、式 4 が得られる。

$$\text{RCF} = 1.118rn^2 10^{-3} \times g \tag{4}$$

　これにより、例えば最大回転半径 10 cm（＝0.01 m）、最高回転数 100,000
rpm である遠心機とローターの組み合わせで得られる最大遠心加速度
RCFmax は、1.118×0.1 m $\times (10^5 \text{ rpm})^2 \times 10^{-3} = 1,118,000 \times g$ となる。

　遠心分離機には、10,000 rpm 以下で利用する一般的な遠心分離機の他、
10,000〜20,000 rpm 前後の回転数を利用可能な高速遠心機、100,000 rpm 以
上の回転数を利用可能な超遠心機がある。また、6 本程度のエッペンドル
フチューブを 5,000〜10,000 rpm 程度で処理する簡易型の卓上小型遠心機
も広く普及している。冷却が可能なもの、回転数の制御方式など様々なタ
イプが市販されているので、購入する際には必要な機能を見極めて機種選

定を行う必要がある。

　又、それぞれの装置に対応した各種のローターが利用可能となっている。大まかに分けてスイングローター、アングルローター、垂直ローターに分けられるが、スイングローターは構造上低速の遠心機に用いられる。一般的に大容量に対応したローターほど最大回転数は低いため、必要な遠心加速度が得られるローターを理解した上で、実験計画を立てるべきである。

　遠心分離機を利用する際に注意すべきポイントは、試料の重量バランスを保つ事である。事前に試料をセットした際のローターの重量バランスを確認する事で、重大な故障や事故を防ぐ事が出来る。

2.2.3　脱水

　「脱水」と言う言葉の意味は非常に広いが、本項では分析操作における前処理過程で必要な水分の除去について説明する。次項の「乾燥」では、主に水分を含む試料から加熱などにより水分を取り除く手法について述べる。

　順相系の固相抽出などで移動相として用いる有機溶媒は、十分水分が除去されている事が望ましい。脱水力が強い乾燥剤として昔からよく知られているのが、金属ナトリウムや水素化カルシウム、水素化リチウムアルミニウム、五酸化二リン（P_2O_5）などである。これらは、脱水力は強いものの脱水容量はそれほど大きくなく、又取り扱いが非常に難しいため、分析目的で使われる溶媒の乾燥で使用される事は少ない。

　現在、有機溶媒の乾燥目的でよく用いられるのは、モレキュラーシーブである。特に、アルミニウムとケイ素からなる合成ゼオライトは前述の乾燥剤に次ぐ乾燥能力をもつため、十分な脱水が期待出来る。取り扱いも容易であり、爆発などの危険性もない。強酸性や強塩基性の溶媒では使えないが、分析で用いられる殆どの有機溶媒で使用する事が出来る。水（0.26 nm）より大きな細孔内に水が捕集されるため、水よりも大きく、脱水させたい溶媒よりも小さい細孔系のものを選択する事で脱水が行われる（**表2-2-1**）。

表2-2-1　モレキュラーシーブによる溶媒の乾燥例

溶媒名	乾燥前含水量（wt %）	乾燥後含水量（wt %）	使用サイズ
アセトン	0.2	0.002	3A
アセトニトリル	0.1	0.002	3A
エタノール	0.05	0.004	3A
メタノール	0.04	0.004	3A
2-プロパノール	0.05	0.005	3A
ベンゼン	0.03	0.003	4A
クロロホルム	0.01	0.002	4A
ジクロロメタン	0.05	0.002	4A
ジエチルエーテル	0.04	0.002	4A
ジメチルホルムアミド	0.2	0.004	4A
酢酸エチル	0.1	0.003	4A
ピリジン	0.05	0.003	4A
トルエン	0.02	0.003	4A
キシレン	0.03	0.002	4A
1,4-ジオキサン	0.2	0.002	5A
THF	0.1	0.002	5A

（ナカライテスク社HP（https://www.nacalai.co.jp/information/trivia2/01.html）を一部改変）

　モレキュラーシーブによる脱水には、物理吸着に加えて結晶水の可逆的な結合と脱離が利用されている。指示薬付きの製品も市販されており、色によって状態を判別する事が出来る。但し、購入時のモレキュラーシーブは空気中の水分を含んでいるため、使用前に加熱して乾燥させる必要がある。

　通常の用途であれば、200〜250℃で加熱し、減圧デシケータ内で放冷すれば十分である。この場合、最大で3〜5％程度水分が残留するため、より厳密な脱水が必要な場合にはナス型フラスコに入れ、真空下（10^{-1}〜10^{-3} mmHg程度）で300〜350℃で加熱し、放冷後に乾燥ガス下で保存する必要がある。又、電子レンジで数分間加熱して、減圧デシケータ内で放冷する事を数回繰り返すのも有効である。脱水速度が比較的遅いため、常時溶

媒中に入れたままにした方が良い（最低でも24時間）が、前述の通りP_2O_5などとは異なり可逆的な脱水である事に留意すべきである。また、破砕による微粒子の混入にも注意が必要である。

　可逆的に水和物を作る脱水剤は比較的脱水容量が大きいために、前処理操作中に必要な脱水操作で良く用いられる。中でも硫酸ナトリウムは様々な溶媒に使用可能であり、数多くの公定法において有機溶媒の脱水操作に用いられている。

2.2.4　乾燥

　食品には水分を多量に含む場合が多く、粉砕などの作業を行う際に予備乾燥を行った方が良い場合がある。但し、ビタミンなどの様に、一定以上の温度を加える事で分解してしまう成分もあるため、目的成分の性質を確認した上で作業を行う必要がある。

　予備乾燥を行う場合には、水分をなるべく早く蒸発させられるように可能な限り表面積を広げるべきである。また、乾燥前後での試料重量を測定し、予備乾燥によって失われた水分量を把握する事も、この後の分析結果を纏める際に必要な項目となる。

　採取容器に細かく、或いは薄く切ったりほぐしたりして広げた状態で、湯浴上、或いは通風乾燥機中で加熱乾燥する。通常60℃程度で行われる場合が多いが、80℃程度迄上げる事もある。但し、試料によっては褐変する事があるので、加熱中は注意深く観察する必要がある。又、加熱乾燥後1〜2日程度放置して大気中の湿度と十分に平衡となった試料を「風乾試料」と言う。

　加熱により褐変が起きるような試料の場合には、減圧下で加熱する手法を用いると良い。減圧下で乾燥させる場合には、乾燥温度を下げても水分が蒸発するため、より温和な条件で乾燥させる事が出来る。

　又、試料中の水分を測定するために乾燥させる場合には、試料中の水分を全て蒸発・乾燥させる必要があるが、試料によっては加熱により表面に皮膜が生じ、或る一定以上乾燥しないような試料もある。この様な試料を

乾燥させる場合、試料に珪砂や珪藻土などの乾燥助剤を加えた状態で乾燥を行う手法がある。

　又、真空凍結乾燥法が利用される場合もある。真空凍結乾燥法は、文字通り凍結した試料を真空中に置き、乾燥させる手法である。試料中の水分は氷の状態から直接昇華して除かれるため、後から水分を吸収させる事で容易に元の状態に近い状態に戻る。加熱乾燥法よりも乾燥度が高い上に、熱をかけないため成分の変質を抑える事が出来る。

　少量の試料を取り扱うだけなら、簡易型の装置を自作する事も出来る。冷凍機や液体窒素で凍結させた試料を真空容器内に入れて減圧する事で、簡便に真空凍結乾燥が行える。注意すべき点は、水分が真空ポンプに入る事のないように、試料中の水分量に見合った容量のトラップを設置する事である。また、予備凍結はなるべく迅速に行う事が重要である事、予備凍結後に真空容器内に設置する作業を素早く行い、試料の融解を防ぐ事などがある。

2.2.5　蒸発・蒸留

　蒸発とは、液体を加熱する事で気液界面から液体が蒸気として気相中に分散する現象、又はその操作の事を指す。「蒸発」現象は食品中の水分分析においても様々な形で利用されているが、液体試料の体積を減少させる「減容」、溶質の濃度を増加させる「濃縮」、試料溶液の溶媒を完全に取り除く「蒸発乾固」などの形で、前処理においても広く用いられている。有機溶媒が対象の場合には容易に蒸発させる事が出来るものが多いが、毒性などの問題からドラフト内で作業すべきである。又、水が対象であっても、酸などを含む場合には適切な環境で操作する必要がある。

　最も一般的な装置としてはロータリーエバポレーターや遠心濃縮装置、ガス吹付け型濃縮装置などが挙げられるが、それぞれ一長一短あるため目的と対象成分の安定性などを考慮して選択する必要がある。水系の溶媒を常温で加熱蒸発させるだけであれば、ガラスやテフロン製のビーカー、蒸発皿を用いる事も出来る。特に無機成分を分析する際の灰化処理において

一般的に用いられているが、強酸・強アルカリ条件下で蒸発乾固する場合には、適切な容器を選ぶ必要がある。

　蒸留とは、液体混合物を各成分の沸点差を利用して分離・分取・精製する操作を言う。食品分析においては、水分分析において蒸留法が用いられており、水以外の揮発成分や油を多く含む食品や異種素材を複合した調理品、水分を多く含む食品中の水分を測定するために用いられている。或る一定の温度の時に残留する液相と蒸発する気相の成分が同じものとなる「共沸」と呼ばれる現象を利用している。

　又、水蒸気を連続的に蒸留器内に導入し、水蒸気と共に目的成分を蒸留する「水蒸気蒸留」と言う手法も広く用いられている。水蒸気蒸留器の構成は、水蒸気を発生させる部分と試料を投入する蒸留部、冷却管、捕集部から成り（**図 2-2-1**）、植物中の精油など高沸点成分をその成分の沸点以下で蒸留・精製するなどの目的で、工業的にもよく用いられている手法である。食品分析においては、親水性の高い化合物の精製によく用いられて

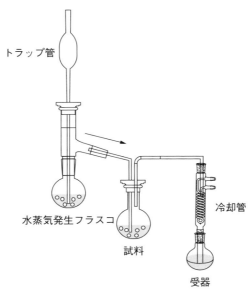

図 2-2-1　水蒸気蒸留器の構成（略図）

いる。

　例えばケルダール法ではタンパク質などの窒素成分をアンモニアに分解
した後、滴定によりその総量を測定するが、その過程で強アルカリ条件下、
遊離させたアンモニアを水蒸気蒸留により試料中から分離し、ホウ酸水溶
液で捕集して試料溶液とする。又、食品中のシアン化合物を分析する際に
も、シアン配糖体が分解されて発生したシアン化水素を水蒸気蒸留により
精製し、水酸化カリウム水溶液で捕集し硝酸銀により滴定する。安息香酸
やソルビン酸などの添加物でも水蒸気蒸留による精製が用いられており、
これらの手法では、得られた留液を HPLC の試料として用いている。

2.3　化学的な前処理法

2.3.1　洗浄

　試料前処理を行う際には、種々の器具や容器類を用いるが、これらから
の汚染は、最終的な分析結果に大きな影響を与える場合がある。このため、
使用に当たっては、十分な洗浄を常に意識する必要がある。洗浄方法は、
器具・容器類の材質や種類、使用履歴、分析種の特性や濃度などを考慮し
て決めなければならない。

(1) ガラス製器具・容器

　前処理で多用するガラス製器具・容器は、ホウケイ酸ガラスである。ホ
ウケイ酸ガラスの主成分は、ケイ素、アルミニウム、ホウ素、ナトリウム、
カリウムなどの酸化物であり、又多くの不純物元素を含むため、無機物質
の微量分析には使用が制限されるが、有機物質に対しては有用な材質であ
る。

　一般的なガラス製器具・容器の洗浄は、先ず洗剤と洗浄用ブラシを用い
て洗浄する。次に、水でよく洗剤を洗い流し、最後に純水で数回濯ぎ洗い
をする。洗浄操作後、ガラス表面が純水で一様に濡れなければ、汚れが付
着している可能性がある。この様な時には、使用履歴などを見て、更に以

下の様な洗浄を行ってみる。

・汚れが無機物の可能性がある場合：酸の水溶液（例えば、希硝酸）に
　一昼夜程度浸漬する。

・汚れが油脂類の可能性がある場合：アルカリ（例えば、数％の水酸化
　カリウム）を含むメタノール溶液に短時間浸漬する。

・上記方法により汚れを溶かして除いた後、十分に水洗し、最後に純水
　で数回濯ぎ洗いをする。

・表面の微量有機物が問題になる場合：高温加熱（ベーキング）により
　酸化分解除去する。

　全量ピペット、メスピペット、全量フラスコ、メスシリンダーなどのガラス製体積計については、洗浄剤水溶液に数時間から一昼夜浸漬して洗浄する。又、強固に付着した汚れには、超音波洗浄器が効果的である。超音波洗浄器は高価ではあるが、キャビテーション現象で発生する強力な衝撃波により、表面に付着した頑固な汚れを剥離させる事が出来る。

(2) 合成樹脂製器具・容器

　ガラスが不適な場合には、フッ素樹脂などの合成樹脂製器具・容器を用いる。フッ素樹脂の代表例は、ポリテトラフルオロエチレン（PTFE）であり、酸・アルカリに対して安定で、耐溶媒性に優れ、有機物や金属イオンの溶出が極めて少ない。但し、有機物質が吸着、吸収される事があるので注意が必要である。

　合成樹脂製の器具・容器では、洗浄液や酸による浸漬洗浄を行う。なお、超微量分析で用いる新品のフッ素樹脂製器具の洗浄法として、洗剤洗浄→アセトン或いはクロロホルム洗浄→熱濃硝酸で3〜5日加熱→熱 0.1 mol/L 硝酸で5日加熱（各段階ごとに蒸留水で洗浄）と言う方法が提案されている[1]。

　近年、食品分析においても LC/MS が普及して来たが、試料前処理で用いる器具・容器の洗浄で注意すべき点がある。**図 2-3-1** は、ガラス製器具を洗剤により洗浄、純水で十分濯いだ後、器具内面の洗剤残渣をメタノールで抽出、正イオンエレクトロスプレーイオン化質量分析で測定した結果

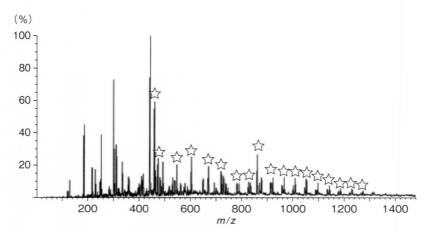

図 2-3-1　洗剤由来の残存成分のマススペクトル[2)]

である。m/z 400 付近から 44 u 間隔でピーク（☆印）が観測されている事から、ポリエチレングリコール系の界面活性剤（$-CH_2CH_2O-$ が 44 u）である事が分かる[2)]。

　この様に LC/MS では、従来 HPLC においては問題にならなかった器具・容器の洗剤残渣が、測定を妨害する可能性がある。このため、有機溶媒や高純度の酸で洗浄、一昼夜浸漬しておく方法が推奨されている[3)]。

2.3.2　pH 調整

　pH 調整は、採取した試料の保存時、試料の前処理時、試料の分析・測定時などにおける重要な基本操作の 1 つである。pH は、試料の安定性、抽出や精製作業の効率、分析・測定の結果などに影響する事が多く、通常 pH を安定に保つために緩衝液を用いる。

　緩衝液は、或る程度の酸、又は塩基の添加による水素イオン濃度の変化を和らげる作用（緩衝作用）をもつ溶液である。緩衝液は、一般に弱酸とその塩、或いは弱塩基とその塩の混合液であり、酸又は塩基の添加に対して、pH を一定に保つ働きをする。

ここで、弱酸 HA を考えると、HA の解離定数 K_a は式5で示される。
$[H^+]$、$[A^-]$、$[HA]$ は、各々の濃度である。

$$K_a = \frac{[A^-][H^+]}{[HA]} \tag{5}$$

式 5 より $[H^+] = K_a \dfrac{[HA]}{[A^-]}$、$-\log[H^+] = -\log K_a \dfrac{[HA]}{[A^-]} = -\log K_a +$

$\log \dfrac{[A^-]}{[HA]}$、$-\log[H^+] = pH$、$-\log K_a = pK_a$ であるから、式6が得られる。

$$pH = pK_a + \log \frac{[A^-]}{[HA]} \tag{6}$$

緩衝液の緩衝能は、濃度一定の時、pH が弱酸 HA の pK_a と一致する点
（$pH = pK_a$、$[H^+]$ と $[HA]$ が同量存在）で最大となる。一般に実用的な
緩衝範囲は、$pK_a \pm 1$ の pH 範囲である。代表的な緩衝液の組成と緩衝液
pH 範囲を**表 2-3-1** に示す。

分析・測定時の pH 調整が重要になる場合も多い。例えば、吸光光度法
では、試料溶液の pH により吸収スペクトルが変化し、蛍光光度法では、

表 2-3-1　代表的な緩衝液の組成と緩衝 pH 領域[1]

緩衝液の組成	緩衝液 pH 領域
塩酸—塩化カリウム	1.0～ 2.2
グリシン—塩酸	2.2～ 3.6
フタル酸水素カリウム—塩酸	2.2～ 3.8
フタル酸水素カリウム—水酸化ナトリウム	4.0～ 6.2
クエン酸—クエン酸ナトリウム	3.0～ 6.2
酢酸—酢酸ナトリウム	3.6～ 5.6
クエン酸—リン酸水素二ナトリウム	2.6～ 7.0
リン酸二水素カリウム—リン酸水素二ナトリウム	5.8～ 8.0
リン酸二水素カリウム—水酸化ナトリウム	5.8～ 8.0
トリス（ヒドロキシメチル）アミノメタン—塩酸	7.2～ 9.0
グリシン—水酸化ナトリウム	8.6～10.6
炭酸ナトリウム—炭酸水素ナトリウム	9.2～10.6
アンモニア—塩化アンモニウム	8.0～11.0

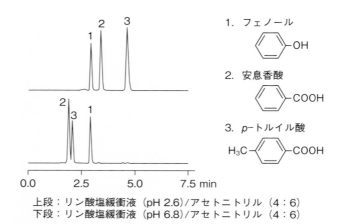

上段：リン酸塩緩衝液（pH 2.6）/アセトニトリル（4：6）
下段：リン酸塩緩衝液（pH 6.8）/アセトニトリル（4：6）

図 2-3-2　移動相 pH の違いによる保持の変化例

pH 変動により分析種の蛍光強度が大きく変化し、場合によっては消光してしまう事がある。又、HPLC では、移動相 pH が分析種の保持に大きな影響を与える事がある。

　図 2-3-2 は、HPLC における移動相 pH の違いによる保持の変化例である。クロマトグラムは、フェノール、安息香酸、p–トルイル酸の 3 成分を逆相クロマトグラフィーにより分析した結果である。ここで用いた移動相は、何れもリン酸塩緩衝液とアセトニトリルの 4：6 の混合液であるが、緩衝液 pH は上段 2.6、下段 6.8 である。

　クロマトグラムを見ると、フェノールの保持時間は変わらないが、安息香酸と p–トルイル酸の保持時間が大きく異なっている事が分かる。これは、安息香酸の pK_a が 4.2、p–トルイル酸の pK_a が 4.3 であるため、pH 2.6 で非解離（疎水性大）、pH 6.8 で解離状態（疎水性小）となり、pH 2.6 では逆相カラムへの保持が増すからである。この事は、溶媒抽出などでも留意すべき点である。

2.3.3　灰化

　灰化とは、試料中の有機物質を酸化分解により、無機物質とするプロセスを言う。食品分析では、例えば灰化を行う事によりカルシウムや鉄、リン、カリウム、ナトリウム、マグネシウム、塩素、ヨウ素などの所謂ミネラルの測定を行う。

　灰化には、空気中で試料を燃焼させる乾式灰化と強酸化剤を用いて試料を加熱分解する湿式灰化（湿式分解とも呼ぶ）がある。**表 2-3-2** に、乾式灰化と湿式灰化の比較例を示す。

（1）乾式灰化

　乾式灰化は、食品の灰分測定を始め、主に植物性食品、乳製品、飲料などの無機成分分析の際に用いられる。動物性食品の一部（例えば卵黄、肉類など）には、適さない場合がある。表 2-3-2 に示す様に、乾式灰化では揮発や不溶化による成分の損失が大きいため、灰化温度や灰化時間などを十分に検討する必要がある。

　乾式灰化の要点は、以下の通りである。

①灰化容器

　白金製蒸発皿、石英ビーカーを用いる。但し、ナトリウムやカリウムを分析しない場合には、磁製蒸発皿、ホウケイ酸ガラス製ビーカーを用いる事が出来る。又、灰分測定においては、磁製蒸発皿、磁製るつぼを用いて

表 2-3-2　乾式灰化と湿式灰化の比較例

	乾式灰化	湿式灰化
所要時間	長い	短い
作業の手間	掛からない	掛かる
成分の損失（揮発・不溶化）	多い	少ない
試料の性質	影響され易い	影響され難い
試薬のコンタミネーション	起き難い	起き易い
試料量	大量でも扱える	少量に向いている
コスト	低い	高い

も良い。

②試料前処理

　試料によっては、下記の前処理を行う。なお、穀類、豆類、その他下記に含まれない乾燥食品では、これら前処理が不要である。

- ・予備乾燥：水分の多い試料、例えば野菜類、果実類、魚肉類及びそれらの加工品、液状物（調味料、飲料など）については、乾燥器内或いは水浴上で水分を蒸発させる。
- ・予備灰化：食品全般に行うのが望ましい。特に、灰化時に膨張する試料、例えば砂糖、砂糖菓子類、精製デンプン、卵白、魚肉（マグロ、カツオ、イカ、エビなど）については、予め弱火或いはホットプレート上と赤外線ランプ下で穏やかに加熱して炭化させる。この時、内容物が吹きこぼれない様に注意する。
- ・予備燃焼：油脂類、バターなどについては、十分に乾燥後、加熱或いは点火して燃焼させる。

③灰化

- ・必要な前処理を行った後、灰化容器を電気マッフル炉に入れ、500〜600℃（600℃を超えない様にする）で5〜10時間、白色又は灰白色になる迄灰化する。なお、加熱にはガスバーナーを用いる事も出来るが、正確な温度調整が困難であるため、電気マッフル炉が望ましい。
- ・灰化が終了したら、電気炉の電源を切り、炉内温度が下がるのを待つ。炉内温度が200℃程度迄下がった後、灰化容器を取り出し、デシケーター内で放冷する。
- ・その後の操作で、炭塊が認められた場合には、再度灰化を行う。

　なお、リン酸を多く含む試料（小麦、米などの穀類及びその加工品）については、酢酸マグネシウム添加灰化法が有効である。この方法では、試料に酢酸マグネシウム溶液を加え蒸発乾固後、灰化を行う。これにより、リン酸をマグネシウム塩とし、灰化時に灰が溶融するのを防ぐ。但し、灰分含量計算のために、酢酸マグネシウムのみで灰化した空試験値を求めておく必要がある。

（2）湿式灰化

　湿式灰化（湿式分解）は、乾式灰化を適用するのが困難な動物性食品などの無機成分分析に用いられる。乾式灰化に比べ成分の損失は少ないが、試薬による汚染が起こり易い。

　湿式灰化の試薬としては、硫硝酸・過塩素酸、硝酸・過塩素酸などが一般に用いられ、硫硝酸・過塩素酸は脂肪含量の多い動物性試料に適している。その他、硝酸・過塩素酸、硝酸・過酸化水素なども用いられる。何れも濃硫酸、濃硫酸、過塩素酸などの強酸や過酸化水素による激しい反応を伴うため、操作には細心の注意を払う必要がある。ドラフト内で作業を行うのが安全である。

　硫硝酸・過塩素酸を用いる場合の一般的な手順は、以下の通りである。

① 試料をケルダールフラスコ（200〜300 mL 容）に採り、硝酸 10 mL を加え、出来るだけ穏やかに加熱する。試料が次第に溶解し、褐色の過酸化窒素を発生しながら激しく発泡し始める。

② 反応が激しくなると内容物が膨張するので、溢れ出さない様に加熱を調整する。過酸化窒素の発生が弱まり、内容物が黄色の液体になった所で加熱を止める。

③ 冷後、硫酸 3 mL を少しずつ注意しながら加え加熱する。過酸化窒素の激しい発生が無くなり内容物が濃褐色となり、硫酸の白煙が現れ出した時点で加熱を止める。

④ 暫時放冷し、硝酸約 2 mL を少量ずつ徐々に加えて再び加熱する。内容物が濃褐色になり、硫酸の白煙が立ち始めれば加熱を止める。この操作を繰り返す。過酸化窒素の発生が無くなり、硫酸の白煙が出ても内容物の黒化が進まなくなれば加熱を止める。

⑤ 過塩素酸（70 %）約 1 mL を加え加熱する。加熱を強めて行くと過塩素酸の白煙が現れ、液の色が黄色から殆ど無色に変わる。その後、加熱を続け出来るだけ過塩素酸を追い出し、過塩素酸の白煙が出なくなれば加熱を止めて冷却する。

2.3.4　溶解

　溶解とは、一般には液体に気体、液体、固体が溶け込んで、均一な液相を生じる現象を言う。食品分析において、試料が溶液状態である事はかなり限られており、前処理時に水（酸・塩基、緩衝液を含む）や有機溶媒などを用いて溶解させる事が必要となる。

　溶解に関連して用いる用語には、紛らわしいものがあるので**表 2-3-3** に纏めておく。

（1）溶解の基本

　溶解については、一般に「似たもの同士は良く溶ける」などと表現され、極性物質は極性溶媒に溶け易く、無極性物質は無極性溶媒に溶け易い事が経験的に知られている。物質の溶媒に対する溶解性は、溶質分子や溶媒分子間に働く相互作用に基づき考える事が出来る（**図 2-3-3**）。

表 2-3-3　溶解に関連する用語

溶液	２つ以上の物質から成る均一の液相
溶質	溶液を構成する成分で、溶かされた成分
溶媒	溶液を構成する成分で、溶質を溶解させる液体
溶解度	飽和溶液中の溶質の濃度。固体の場合、一定温度で溶媒 100 g に溶ける溶質の質量（g）などで表す
溶解度積	難溶性塩の飽和溶液中における陽イオン、陰イオンの濃度（又は活量）の積
溶媒和	溶質分子やイオンが極性溶媒との間に働く相互作用により、溶液中で１つの分子集団を形成する現象（溶媒が水の場合が水和）

溶媒分子間　　　　　　溶質分子間　　　　　溶媒-溶質分子間

極性溶媒、極性溶質
・静電相互作用（イオン-双極子相互作用、双極子-双極子相互作用など）
・水素結合
無極性溶媒、無極性溶質
・分散力

図 2-3-3　溶媒、溶質の分子間に働く相互作用

①極性物質の極性溶媒への溶解

極性溶媒の代表は水であり、極性物質は水との間に働く静電相互作用や水素結合などにより水和する。極性物質が水に溶解し易いのは、基本的にこの水和が起こり拡散して行くからである。

食品分析でよく用いる極性有機溶媒には、メタノール、エタノール、アセトニトリル、アセトンなどがあり、何れも水とあらゆる割合で混和する。これら極性有機溶媒は、プロトン性溶媒と非プロトン性溶媒とに分けられ、極性物質の溶解性に違いがある。プロトン性溶媒（メタノール、エタノール）は、プロトン供与体であり水素結合を形成する。一方、非プロトン性溶媒（アセトニトリル、アセトン）は、プロトン供与性を有しない（但し、アセトニトリル、アセトンは、それぞれ窒素、酸素の非共有電子対をもつため、水素結合の受容体となる）。プロトン性溶媒は、分子間で水素結合を形成しており、概して極性物質は、プロトン性溶媒であるメタノール、エタノールに溶け易い。

②無極性物質の無極性溶媒への溶解

無極性物質の分子間、無極性溶媒の分子間に働くのは、分散力（瞬間的に生じる双極子間の弱い相互作用、極性分子にも生じる）のみである。従って、無極性物質は、溶質分子として水和する事が出来ず、又強い水素結合を切断して水分子と相互作用する事も出来ないため、水には殆ど溶解しない。極性物質においては、溶質分子として無極性溶媒分子と分散力で相互作用するより、静電相互作用や水素結合などの強い力で凝集している方が有利なため、無極性溶媒に溶解し難い。

一方、無極性物質と無極性溶媒の場合、それぞれの分子間及び無極性物質である溶質分子と溶媒分子間には同程度の分散力が働いている。この様な場合には、これら分子は自然拡散してよく混じり合う（エントロピーの増大）。従って、無極性物質は、無極性溶媒によく溶ける。

(2) 溶解の要点

固体物質の溶解は、基本的には固体表面での平衡現象であり、固体物質の溶解を早めるためには粉砕や撹拌を行う。

・粉砕：固体物質を細かく粉砕する事により、溶媒との接触する表面積
　　　　を増やす。

・撹拌：溶媒中に溶け込んだ溶質を拡散させ、固体物質表面で起こる不
　　　　均一な濃度勾配を無くする。

　加温は溶解促進に有効な事が多い。但し、溶解による発熱が激しい場合
には、冷却しながら少量ずつ溶かす様にする。

　又、超音波洗浄器を利用して溶解させる事もあるが、高分子物質におい
ては、超音波照射によって高分子鎖が切断される事があるので、注意を要
する。

2.3.5　希釈

　希釈は、溶液に溶媒を加える事により溶質の濃度を減少させる事であり、
標準液や試料溶液を調製する際、或いは分析・測定機器に適した濃度範囲
に調製する際などに欠かせない操作である。

　希釈溶媒としては、純水を始め、酸・塩基や塩の水溶液、緩衝液、有機
溶媒などが用いられるが、分解、変性、沈殿などが生じない様に溶質の化
学的性質を考えた上で選択しなければならない。

　又、希釈の際には、希釈熱の発生に留意する。希釈熱には発熱と吸熱と
があるが、発熱には注意が必要で、濃い酸や塩基を水で希釈する際、発熱
により溶液温度がかなり上昇する事がある。特に、濃硫酸を水で希釈する
場合、激しい発熱を伴うため、濃硫酸に水を加えると水の突沸により、硫
酸が飛散し大変危険である。必ず水に濃硫酸を加える様にする。なお、有
機溶媒を水で希釈する場合、メタノールやエタノールなどでは発熱が起こ
るが、アセトニトリルでは吸熱が起こる。

　希釈には、全量ピペット（ホールピペット）、メスフラスコを用いる。
HPLC の溶離液調製などでは、メスシリンダーも多用する。これら器具の
規格については、「JIS R 3505：1994 ガラス製体積計」に規定されている。
又、少量の溶液を扱う場合には、μL オーダーから溶液採取が行えるピスト
ン式ピペット（「JIS K 0970：2013 ピストン式ピペット」に規定）も用い

る。

　希釈作業においては、これらの体積計を正しく使用し、汚染などが起きない様に十分注意する事が大切である。全量ピペットとピストン式ピペットの要点は、以下の通りである。

(1) 全量ピペット

　全量ピペットで試料溶液を採取する際には、先ず少量の試料溶液を吸い、ピペットを水平にして回転させ、内面全体に行き渡る様にして洗った後、一旦捨てる。この共洗いを 3 回程度繰り返してから、試料溶液の採取を行う。試料採取の手順について、その一例を示す[1]。なお、試料の吸引には、安全ピペッターを用いるのが望ましい。

①ピペットの下端を液中に 20〜30 mm 程度浸し、液を吸い上げる。

②液を標線の上、約 10〜20 mm の所迄吸い上げる。

③ピペットを採取試料液面から持ち上げ、ほぼ垂直に保持して先端をその容器の内壁に軽く触れさせながら、液を少しずつ排出させ、液面（メニスカス）を標線に正しく合わせる。

④移し入れる容器上にピペットを静かに移動し、ピペット先端をその内壁に軽く触れさせながら液を自然落下で排出する。

⑤自然落下での排出が終わったら（液面の移動が止まったら）、そのまま一定時間（5〜10 秒程度）保った後、ピペット上端を指で塞ぎ、球部を手で握り温めて、内部の空気の膨張で先端の残液を押し出す。

⑥ピペットを取り去る。

　ピペットから試料溶液を排出する際、吹くなどして強制的に行うと内面に液が残ってしまう恐れがある。JIS R 3505 には、排水時間が呼び容量に応じて規定されている。

(2) ピストン式ピペット

　ピストン式ピペットと言う名称は、2013 年の JIS K 0970 改正時にプッシュボタン式液体用微量体積計から改められたものである。ピストン式ピペット（**図 2-3-4**）は、簡単な操作で素早く微量試料を採取出来るため広

左：2～20 μL　　右：10～100 μL
（株式会社島津ジーエルシー）

図 2-3-4　ピストン式ピペットの例

く用いられているが、精密機器である事を認識して、メーカーの取扱説明
書に従って正しい操作と定期的なメンテナンスを行う事が肝要である。ピ
ストン式ピペットの誤差については、JIS K 0970 に最大許容誤差が規定さ
れており、使用に当たり参考に出来る。

　ピストン式ピペットでは、プラスチック製（一般にはポリプロピレン
製）チップを用いるが、成分によっては吸着する事がある。特に、成分が
微量である時には、大きな誤差と成り得るので、事前に確認しておく必要
がある。吸着が問題になる場合には、表面に吸着抑制処理を施したチップ
などを試してみると良い。

2.3.6　濃縮

　濃縮とは、溶液中の溶媒を除去し、目的とする溶質の濃度を高める操作
である。試料中の分析種が微量の場合、分析の前処理において何らかの濃
縮操作が必要となる事が多い。又、試料から分析種を抽出する溶媒と分析
法で用いる溶媒が異なる場合にも、抽出溶媒の除去、濃縮された分析種の
分析用溶媒での再溶解と言う手順が用いられる。

　主な濃縮操作としては、蒸発濃縮、溶媒抽出、固相抽出、凍結乾燥などがあり、クロマトグラフィーではカラムスイッチングと言う方法を用いる事も出来る。ここでは、蒸発濃縮について述べる。他の方法については、各項目を参照されたい。

　蒸発濃縮は、試料溶液中の溶質と溶媒との蒸気圧の差を利用して濃縮する方法であり、溶媒の蒸気圧が分析種より高い場合、溶媒を蒸発させる事により分析種を濃縮する。蒸発濃縮で一般的に用いられる装置としては、ロータリーエバポレーター、吹付け濃縮装置がある。その他、遠心エバポレーター、グデルナ・ダニッシュ濃縮器などもある。

（1）ロータリーエバポレーター

　ロータリーエバポレーター（**図 2-3-5**）は、基本的には試料容器を回転させる回転部、試料容器を加温する加温部、蒸発した溶媒を冷却して回収するための冷却器及び溶媒回収容器などで構成される。これに、減圧装置、冷却水循環装置などを組み合わせて用いる。

　ロータリーエバポレーターでは、試料容器を回転させて溶媒の表面積を

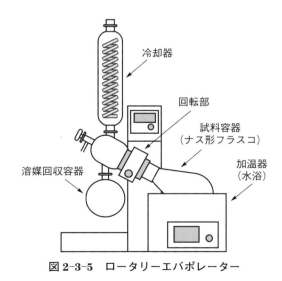

図 2-3-5　ロータリーエバポレーター

大きくして、減圧と加温により溶媒の蒸発除去を効率化している。

ロータリーエバポレーターの基本操作と留意点は、以下の通りである。

・試料溶液は、試料容器の 1/3 以下程度になる様にする。試料溶液が多い場合には、大きな試料容器を用いる。

・試料容器と本体との連結部は、外れない様に確実に固定する。

・徐々に減圧し、試料容器を回転させる。この時、突沸には十分注意する事。

・十分減圧状態になった時点で、試料容器の加温を始める。

・操作中、冷却水が少なくなって来たら補充する。

・濃縮が終われば、徐々に減圧を解除する。急激な解除は、濃縮物のロスや装置汚染の原因となる。

(2) 吹付け濃縮装置

吹付け濃縮装置（図 2-3-6）では、加温しながら試料溶液にガスを吹き付け、濃縮する。試料容器としては、試験管、マイクロチューブ、マイクロプレートなどを用いる。試料容器によって、加熱槽（アルミブロック）

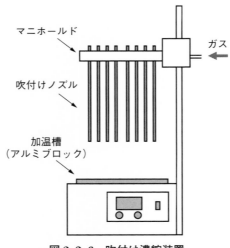

マニホールド

ガス

吹付けノズル

加温槽
（アルミブロック）

図 2-3-6　吹付け濃縮装置

やマニホールドを選ぶ。

　吹付け濃縮装置では、同時に多数の試料溶液の濃縮（例えば、試験管24本）が行え、又それぞれ独立したノズルが対応するため、試料間の汚染も少ない。吹付け用ガスに窒素など不活性ガスを用いると、分析種の酸化などを防ぐ事が出来る。

　吹付け濃縮装置の基本操作と留意点は、以下の通りである。

・溶媒を吸引しない様に、換気を良くして作業を行う。可能な限りドラフト内で行う様にする。
・使用前にノズルを良く洗浄する。
・試料溶液に合わせて、ノズルの位置調整を行う。この時、ノズル先端が試料容器に触れない様に、又ノズルと試料溶液の液面を近付け過ぎない様にする。
・ガスを強く吹き付けると試料溶液が飛散するので注意する。
・濃縮後は、ノズルを洗浄しておく。

2.3.7　加熱

　試料前処理では、試料の分解、溶解、灰化などで加熱操作を行う。加熱には、ガス加熱と電気加熱があるが、安全性の点から電気加熱が一般的になっている。又、加熱の方法として、液浴加熱がある。何れにしても、火傷には十分注意して作業を行う。液体の加熱では、突沸に気を付ける。

(1) ガス加熱

　ガスバーナーは、最も基本的な加熱装置であるが、火災や爆発の原因に成り易いので細心の注意を払う必要がある。

　ガスバーナーは、ガス調整ねじと空気調節ねじを用い、ガス流量、空気流量を調整する。点火時には、ガス調整ねじのみ開き、点火後はガス調整ねじを固定して空気調整ねじを徐々に開けながら炎を調整する。

　ガスバーナーの炎（**図2-3-7**）の内部（内炎）は、還元炎とも呼ばれ、明るい青緑色をしており、空気の混合が不十分で温度は数百℃程度と低い。

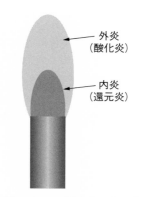

外炎
（酸化炎）

内炎
（還元炎）

図2-3-7　ガスバーナーの炎

一方、炎の外部（外炎）は、酸化炎とも呼ばれ、ガスと空気が十分混合されており、1,500〜1,800℃と高温である。高温加熱が必要な時に用いるが、温度調整が難しい。

　なお、空気量が少ない不完全燃焼状態（黄色い炎）で加熱すると器具に煤が付着し、更に一酸化炭素中毒の恐れもあるため注意する。又、炎を小さくする時には、空気量を減らした後、ガス量を減らす様にする。この順序を逆にすると空気量が過多になり、筒の中でガスが燃えるバックファイヤー（逆火）が起き易い。この場合、直ちに元栓を閉じ、濡れた布などを用いてバーナーを十分に冷やす様にする。

（2）電気加熱

　電気加熱には、ホットプレート、電気炉を始め、マントルヒーター、リボンヒーターなどがある。手に持って温風を吹き付ける簡便なものとしては、ヒートガン（400〜500℃程度迄）があり、通常のドライヤー（100℃前後）も使える。

　ホットプレートは、ガスバーナーに比べ温度調整が容易であり安全に使用出来るため、加熱操作の主流となっている。ホットプレートでは、プレート（天坂）の上に加熱対象物を載せて加熱する。プレートの材質は、アルミニウムや耐薬品性に優れたセラミックなどが用いられ、最高加熱温度

は概ね300〜500℃である。又、温度設定がダイアル式やデジタル式、高精度な温度制御が可能なもの、温度プログラムが可能なものなど種々の製品が市販されており、目的に応じて選択する事が出来る。

　電気炉は、高温に加熱したい時に使用し、管状炉、るつぼ炉、マッフル炉などの種類がある。管状炉は、チューブ炉とも呼ばれ、セラミックや金属製のパイプ状の炉心管に試料を投入して加熱する。るつぼ炉は、円柱状の装置で、湯呑みの様な形をした加熱部にるつぼを入れて加熱する。マッフル炉は、熱源と焼成室との間に熱伝導性の良い耐火物による隔壁（マッフル）を付けた箱形の炉である。試料が隔壁を介して加熱されるため、熱源からの汚染を防ぐ事が出来る。マッフル炉は、管状炉やるつぼ炉に比べ汎用性が高い。電気炉を用いると、1,000〜1,500℃程度迄加熱する事が出来る。

（3）液浴加熱

　水浴や油浴を用いる加熱方法は、加熱温度の調整が容易になり、又、長時間の加熱も安全に行う事が出来る。通常、液浴の温度分布を無くすため、攪拌装置と組み合わせる。マグネチックスターラーを組み込んだホットプレートが便利である。

　水浴は、原理的に100℃以下の加熱に用いる。水は蒸発し易いため、空焚きにならないように確認をしながら使用する。油浴は、幅広い温度範囲で加熱が可能である。熱媒体としては、植物油（150℃程度迄）、シリコンオイル（200〜300℃程度）などを用いる。湯浴の中に異物や水が混入すると事故の原因になるので、十分に注意する必要がある。

2.3.8　冷却

　冷却操作には、冷蔵庫、冷凍庫を始め、投げ込みクーラー、冷却水循環装置などの冷却装置が使える。更に低温が必要な時には、液体窒素などを用いる。又、古くから知られている冷却手段として、寒剤を用いる方法もある。

表 2-3-4　一般的な低温用熱媒体

	融点	引火点
メタノール	−96℃	11℃
エタノール	−117℃	13℃
エチレングリコール	−13℃	119℃

表 2-3-5　低温用熱媒体製品の例

	主成分	使用温度
ナイブライン®	エチレングリコール 或いはプロピレングリコール	−40℃〜
エタブライン®	エタノール	−40℃〜

(1) 冷却装置

　冷却水循環装置や低温恒温水槽を用いる事により、−20〜−30℃の冷却が可能である。又、投げ込み式のハンディークーラーも同様に使用出来るが、−80℃程度迄冷やせるものもある。

　低温用熱媒体としては、10℃までは水を用いる事が出来る。10℃より更に低くする場合には、一般的な溶媒としてメタノール、エタノール、エチレングリコールなどを用いる（**表 2-3-4**）。但し、メタノール、エタノールは−80℃迄使用出来るが、使用する際には十分な換気を行い、火気に注意する。

　又、取り扱いや安全性に配慮した専用の製品も市販されている（**表 2-3-5**）。

(2) 液体窒素

　液体窒素は、沸点が−196℃であり、安価で冷却に便利なものである。但し、誤った使い方をすると重大な事故（爆発、窒息、凍傷）を引き起こす可能性がある。取り扱いに当たっては、以下の諸注意が必須である。

　・保管、運搬などには、専用容器を使用する。容器は丁寧に扱い、衝撃を与えない。

　・皮製手袋（大きめのサイズ、軍手は厳禁）、防護面（防護眼鏡）を着用

表 2-3-6　主な寒剤

寒剤	到達温度
ドライアイス＋アセトン	−88 ℃
ドライアイス	−78.5 ℃
ドライアイス＋エチルアルコール	−72 ℃
塩化カルシウム六水和物（59 %）＋氷（41 %）	−54.9 ℃
エチルアルコール（50 %）＋氷（50 %）	−30 ℃
塩化ナトリウム（22.4 %）＋氷（77.6 %）	−21.2 ℃
塩化アンモニウム（20 %）＋氷（80 %）	−15.8 ℃

する。
・液面を決して覗き込まない。角膜が凍り付く危険がある。
・酸欠を防ぐため、十分な換気を行う。
・残液が青みを帯びていたら使用しない。大気中の酸素が液面で冷却され液化し、容器内が液体酸素（淡い青色）に置換されており、爆発などの危険がある。

(3) 寒剤

寒剤とは、2つ以上の物質を混合して低温度を得る冷却剤[1]の事である。氷と食塩の混合物は、古くから用いられている。主な寒剤には、**表 2-3-6** に示す様なものがある[1]。なお、液体窒素なども寒剤と呼ばれる。

2.3.9　凍結乾燥

凍結乾燥は、水溶液を氷点（共晶点）以下の温度にして凍結させ、減圧下での昇華を利用して水分を除去、乾固する方法である。水は有機溶媒に比べ、沸点、粘性共に高いため、そのままエバポレーターなどで濃縮しようとすると長時間の加熱が必要となり、突沸にも注意を要する。

凍結乾燥は、低温下で処理が出来、熱に不安定な物質（例えば、タンパク質）を含む水溶液の前処理に有効な手段である。又、時間さえ掛ければ、水をほぼ完全に除去する事が出来る。

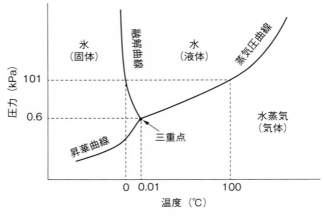

図 2-3-8　水の状態図

（1）原理

　図 2-3-8 に、水の状態図を示す。融解曲線、蒸気圧曲線、昇華曲線では、各々固体と液体、液体と気体、気体と固体が共存する。又、これらの3つの曲線の交点、即ち三重点（圧力 0.6 kPa、温度 0.01 ℃）では、固体、液体、気体の3つの状態が共存する。

　水は、常圧下においては温度の上昇に伴い、氷（固体）から水（液体）、水蒸気（気体）へと状態変化を起こす。しかし、三重点である 0.6 kPa より低圧では、氷から水を経ずに直接水蒸気へと昇華する。従って、凍結状態で 0.6 kPa より減圧する事により、水分の除去が可能となるのである。

　なお、水分の昇華が終了する迄、試料は昇華熱によって冷却されるため、凍結状態が保持される。

（2）凍結乾燥機

　凍結乾燥機は、基本的には試料保持部、水蒸気トラップ及び冷却部（コールドトラップ）、真空ポンプで構成される（**図 2-3-9**）。試料保持部には、多岐管（ナス形フラスコ、凍結乾燥瓶、試験管などを取り付ける）やドライチャンバー（シャーレ、バイアル瓶、マイクロプレートなどを入れる）

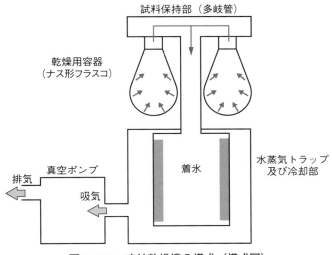

試料保持部（多岐管）

乾燥用容器
（ナス形フラスコ）

水蒸気トラップ
及び冷却部

着氷

真空ポンプ

排気

吸気

図2-3-9　凍結乾燥機の構成（模式図）

などを用いる。

　水蒸気トラップでは、一般に−40〜−50℃で水蒸気を凝集させるが、試料溶液によっては−80℃程度を用いる。又、真空ポンプは、小形の機器では外付けの場合が多い。

（3）手順と留意点

　凍結乾燥の一般的な手順は、以下の通りである。

①試料溶液をナス形フラスコなどの乾燥用容器に入れ、ドライアイス―アセトンなどの寒剤を用いて、試料の共晶点より十分低い温度で内部まで急速に完全に凍結させる（予備凍結）。この時、容器を寒剤の中で回転させながら、試料溶液が容器内壁に出来るだけ薄く、均一に広がる様に固化させる。氷の層が厚いと、乾燥中に熔融を起こし易くなる。寒剤を取り扱う際には、凍傷に十分注意する。

②凍結乾燥機起動後、水蒸気トラップ内が使用温度迄下がった事を確認し、真空ポンプを起動して高真空状態を維持しておく。この時、真空コックは、全て閉じておく事。

49

③予備凍結させた試料容器を試料保持部に接続し、真空コックを開いて減圧を開始する。容器外壁に水滴が付着すると付着氷となるので、取り除く様にすると良い。

④目視により水分が無くなった事を確認出来れば、真空コックをゆっくり戻して減圧を解除する。この時、一気に常圧を戻すと急激に空気が流入して、乾燥した試料が飛散してしまうので注意する。

2.3.10　溶媒抽出

　食品中には、タンパク質、脂質、脂肪酸、糖類、アミノ酸、ビタミン類、食品添加物、呈味物質など多くの成分が含まれている。又、残留農薬やカビ毒、環境ホルモンなどの有害な物質が微量ながら含まれている場合がある。この様な複雑なマトリックスから目的とする成分（分析種）を抽出する手法の１つとして、古くから溶媒抽出が用いられている。

　溶媒抽出は、大別してコーヒー豆や茶葉から水で抽出する様に分析種を溶媒中に抽出する手法と、相互に混ざり合わない組み合わせの溶媒を利用して、分析種を分離・抽出する液液抽出法がある。何れの手法においても、如何に効率良く夾雑成分を除去し、分析種を損失する事無く回収するかが鍵となる。

　食品中から分析種を効率的に抽出する時に重要な事は、分析種の化学的な特性に近い極性をもった抽出溶媒を選択する事にある。

　例えば、分析種が糖類や水溶性ビタミンなど、水に溶け易い分析種を抽出する時には水を、油脂などの低極性物質を抽出する時にはヘキサンなどの脂溶性溶媒を選択する。分析種の極性が分からない場合は、極性の異なる溶媒を極性の低い順に抽出・分画すると言った方法が用いられる。又、一般的に温度が高い程、マトリックスからの分析種の抽出効率は高まるため、ナスフラスコなどを利用して加熱をしながら抽出する事が出来る。

　液液抽出法には、バッチ抽出法と連続抽出法の２つが知られている。何れの手法も互いに混じり合わない２つの溶媒を利用し、それぞれの溶媒に対する分析種の溶解度の差を利用する抽出法である。

　又、マトリックス中のpH調整は分析種の抽出効率の良し悪しに影響を及ぼす。例えば、カルボキシ基（pKa 4）をもつ弱酸性物質が分析種の場合には、一般的に、水溶液中の弱酸性物質（HA）は、式7の解離平衡式に従って、分子形とイオン形が共存する。

$$HA \rightleftarrows H^+ + A^- \tag{7}$$

pH 4では、分子形（HA）と解離形（A$^-$）の存在比は1：1となる。即ち、水溶液中の弱酸性物質（HA）は、式7の解離平衡式に従って、分子形と解離形が共存する事になる。この時の酸解離定数 Ka は式8で表す事が出来、[　　]内は各々の濃度を示す。式8から平衡定数 pKa を式9で表す事が出来、酸の強さの指標となる。

$$Ka = \frac{[H^+][A^-]}{[HA]} \tag{8}$$

$$pKa = -\log Ka = -\log \frac{[H^+][A^-]}{[HA]} \tag{9}$$

弱酸性物質のpKaとpHとの関係を式10で表わす事が出来る。

$$pH = pKa + \log \frac{[A^-]}{[HA]} \tag{10}$$

　式10から、水溶液中の或る酸性物質（pKa 5）をpH 5に調整した場合、イオン形と分子形は同一濃度になる。この式から、水溶液中のpHが酸性物質のpKaよりも1低い場合は、イオン形：分子形の存在比は1：10、2低い場合は1：100となる事から、予めpHを適切に調整して、分子形にする事で有機溶媒への抽出効率を高める事が出来る。塩基性の分析種では、pKaよりも2以上高いpHに調整する事で抽出効率を高める事が出来る。

　図2-3-10に酢酸のpHに対するイオン形（CH$_3$COO$^-$）と分子形（CH$_3$COOH）の存在比率を示す[1]。酢酸のpKaは4.8（25℃、無限希釈溶液）である事から、pH 4.8の溶液では、イオン形と分子形は1：1で存在する。分子形はpHが低値になると高値となり、pHが高値になるとイオン形の存在比率が高まる。

　液液抽出法は、試料溶液と混じり合わない溶媒を加え、振盪する事でマトリックス中から分析種をその溶媒へ抽出する方法である。**図2-3-11**に

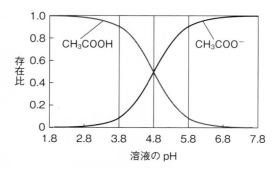

図 2-3-10　酢酸の pH に対するイオン形と分子形の比率

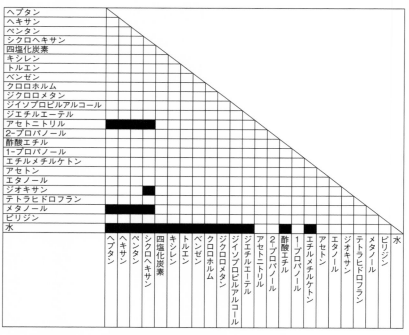

図 2-3-11　溶媒の均一混和性[1]　（■は二層を形成する組み合わせ）

溶媒の均一混和性を示すので、参照頂きたい。

　分析種の有機溶媒への抽出効率を高める補助的な方法として、以下の方法が知られているので参考にして頂きたい[2]。

　①大量の溶媒を用いて、1回で抽出を行うよりも、少量の溶媒で複数回に分けて抽出した方が抽出効率は良くなる。

　②マトリックス中に塩化ナトリウムなどの電解質（塩）を多量に添加する事により、分析種の水への溶解度が減少し、分析種の抽出効率を高める事が出来る。

　③分析種がイオン性物質、例えば、強酸性物質には第四級アンモニウム塩など、強塩基性物質にはスルホン酸塩などのイオン対試薬を添加し、イオン対を形成させる事により有機溶媒への抽出効率を高める事が出来る。

　一方、先に述べた抽出方法の他に、担体として多孔性珪藻土を利用した抽出法が報告[3]されている。多孔性珪藻土は数 μm 以下の細孔から成るため、広大な表面積を有している事から、様々な分析種を保持させる事が出来る。

　図 2-3-12 に多孔性珪藻土カラムクロマトグラフィーによる原理を示す。初めに、①珪藻土へ水系試料溶液を負荷し、担体表面上に液体固定相として分散させる。次に、②水系試料溶液と混和しない溶媒を添加し、液液分配の原理によって分析種を抽出する。

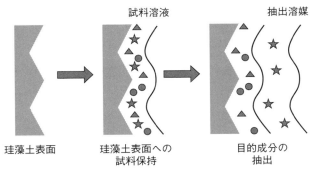

試料溶液　　　　　　　　　抽出溶媒

珪藻土表面　　　珪藻土表面への　　　目的成分の
　　　　　　　　試料保持　　　　　　抽出

図 2-3-12　多孔性珪藻土カラムクロマトグラフィーによる原理（模式図）

　多孔性珪藻土カラムクロマトグラフィーは、一般的に用いられている溶媒抽出法と異なり、振盪／静置などの操作が不要で、抽出溶媒量の削減が可能である。又、エマルジョンを形成する様な溶媒抽出法が困難な場合にも有効な手法である。

2.3.11　固相抽出

　固相抽出は、分析種又は妨害成分を固相に保持させた後に、適切な溶媒にて脱離抽出する手法である。幅広い分析種を同時に抽出が出来る非選択的な抽出方法と、特定の分析種を選択的に抽出出来る方法がある。

　基本的な使用方法として２つの方法がある。１つ目の方法としては、**図2-3-13** に示す様に、固相に目的とする分析種を保持させた後に、試料中の夾雑成分を適切な溶媒を用いて洗い流し、抽出溶媒を用いて分析種を抽出する手法である。具体的には、ステップ１で、固相に分析種を含む試料を保持させ、ステップ２で洗浄溶媒を用いて夾雑成分を取り除き、ステップ３で分析種を固相から脱離させる手順である。

　２つ目の方法としては、**図2-3-14** に示す様に、目的とする分析種を保持させずに（素通りさせる）、試料中の妨害成分を固相に保持させる方法

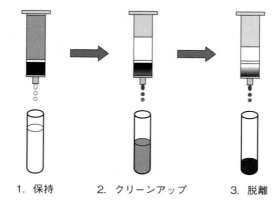

1. 保持　　　2. クリーンアップ　　　3. 脱離

図2-3-13　固相に分析種を保持した後に脱離する手法

素通り

**図 2-3-14　固相に分析種を保持させずに
回収する手法**

である。具体的には、不必要な妨害成分等を固相にトラップして除去する
手順である。

　固相の担体には、シリカゲルやポリマーゲル等が利用されており、その
担体に化学修飾された充塡剤に従って、試料中の分析種の抽出や精製を行
う事が出来る。シリカゲルには僅かながら金属が含まれているので、分析
種によってはキレート錯体を形成するため、注意を払う必要がある。

　強酸性条件下での使用では、基材であるシリカゲルと修飾基との結合が
加水分解を受ける一方、アルカリ性条件下では基材であるシリカゲルが溶
解するため、この特性からpH 2〜9 程度の条件で使用する事が望ましい。
ポリマー系では、スチレン–ジビニルベンゼン共重合体や親水性・親油性
基を併せもった水潤性の基材が市販されている。ポリマー系はシリカゲル
に認められる金属に因る影響は受けず、その特性からpH 1〜14 で使用出
来る。

　固相抽出法は最適化する事により、先に述べた液液抽出法と比べ、簡便
な操作で、試料中の夾雑成分を効率的に除去する事が出来、且つ、分析種
を少ない抽出液量で抽出、濃縮する事が出来る。**表 2-3-7** に固相抽出法と
液液抽出法（溶媒抽出法）の比較を示す。

表2-3-7　固相抽出法と液液抽出法の比較

項目	固相抽出法	液液抽出法
選択性	・逆相、順相、イオン交換、逆相とイオン交換とのミックスモード等様々な固相を選択出来る	・二層に混じり合わない溶媒の選択に制限があり、分析種に対する選択性に乏しい
抽出溶媒	・使用する抽出液量が少なく、濃縮効果が期待出来る	・使用する抽出液量が多く、濃縮効果が期待出来ない
操作	・エマルジョンを形成しないため、実験者によるばらつきが生じ難い ・操作が簡便で、自動化（オンラインで前処理）する事が出来る	・エマルジョンを形成するため、実験者によるばらつきが生じ易い ・操作が煩雑で自動化が難しい ・抽出後の濃縮に時間を要する
夾雑成分の除去	・適切な固相を選択する事により精製効果が高い	・精製効果が低い

表2-3-8　代表的な固相の種類

相互作用	固相の種類
疎水性相互作用	オクタデシル（C18）、オクチル（C8）、エチル（C2）、シクロヘキシル（CH）、フェニル（PH）
極性相互作用	シリカゲル（SI）、ケイ酸マグネシウム（FL）、アルミナ（Al）
疎水性相互作用 極性相互作用	シアノプロピル（CN）、ジオール（OH）
イオン交換相互作用	(a)　陽イオン交換 エチレンジアミン-N-プロピル（PSA）、カルボキシメチル（CBA）、スルホニルプロピル（PRS）、プロピルベンゼンスルホニル（SCX）
	(b)　陰イオン交換 アミノプロピル（NH2）、ジエチルアミノプロピル（DEA）、トリメチルアミノプロピル（SAX）

　代表的な固相について**表2-3-8**に示す。殆どの固相がHPLCで利用されている。数多くの種類がある固相から最適な固相を選択する必要がある。**図2-3-15**に固相の選択基準を示す。

　水系試料である場合は、試料の前処理には逆相モードによる固相抽出法が多く使用されている。分析種がイオン性の場合は、イオン交換モードに基づく固相抽出法やイオン交換と逆相モードがミックスされた固相が使用出来る場合もある。逆相モードの固相が幅広い分析種の一斉抽出に適して

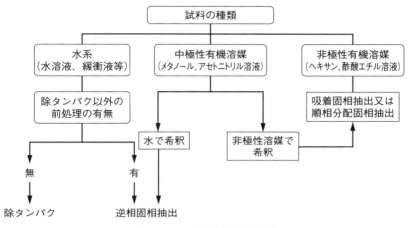

図 2-3-15　固相の選択基準

いるのに対して、イオン交換モード及びイオン交換と逆相モードがミックスされた固相は、イオン性分析種の選択的抽出に適している。

　又、逆相モードの固相は水系試料の前処理には適しているが、有機溶媒で溶解した試料の前処理には適していない事に対して、イオン交換モード及びイオン交換と逆相モードがミックスされた固相では、有機溶媒中のイオン性分析種を抽出する事も出来る。有機溶媒に溶解した試料の場合や、複雑な成分のクリーンアップには、順相モードの固相が使用される事が多い。

　固相への分析種の保持のメカニズムは、分析種、固相に化学修飾された官能基の種類及び試料が各々密接に相互作用、具体的には、疎水性相互作用、極性相互作用やイオン交換相互作用などが関与している。

　C18、C8 などの疎水性官能基が結合された充填剤では、分析種と疎水性相互作用（ファンデルワールス力）で保持される。固相の疎水性が高まる程、試料中の疎水性物質の保持力が強くなる。試料は水系であれば相互作用は強く働く事が出来るが、極性の有機溶媒等が含まれると、固相への保持が抑制されるので、試料のロードや洗浄時に注意を払う必要がある。

　シリカゲルなどの極性官能基が結合された充填剤では、極性官能基をも

つ分析種間との極性相互作用（水素結合、双極子–双極子結合や π–π 結合など）で保持される。一般的にはヘキサンやトルエンなどの疎水性溶媒に溶けている試料から、極性の成分を分離する時に用いる。

　アミノプロピル基やトリメチルアミノプロピル基などの陰イオン交換基や、カルボキシ基やスルホ基などの陽イオン交換基が結合された充填剤では、イオン性官能基をもつ分析種とのイオン交換相互作用で保持される。固相に結合しているイオン交換基の pKa と分析種の pKa を考慮して、pH を調整しながら固相への保持、洗浄、抽出を行う必要がある。試料溶液の塩濃度が高いと、固相への分析種の保持が弱くなるので、注意が必要である。

　利用に当たっては、固相の種類が多い事から、マトリックスや分析種に適した最適な固相を選択する事が必要となる。下記に示す分析種の化学構造や性質などを把握しておく事により、固相抽出の手順や選ぶ固相の種類の最適化が容易になる。

①分析種の化学的特性

　　イオン性、pKa、疎水性、log Pow、溶解度、分子構造、安定性など

②分析種の物理的特性

　　分子量

③試料マトリックス成分

④試料タイプ

　　固体試料、液体試料など

⑤前処理の目的（クリーンアップ、濃縮、溶媒交換）

⑦試料の容量

⑧分析手法

　　UV/HPLC、LC/MS、GC など

　固相抽出において、試料中から分析種の回収が芳しくない、或いは回収率が低い場合に考えられる主な原因を以下に示す。

①固相へ分析種が保持されない、或いは不十分である。

②溶出液による分析種の溶出が不十分である。

③試料中の夾雑成分の除去が不十分であり、精製効果が十分に得られない。

以下に、汎用されている逆相モードの固相抽出を例に、試料の調製、固相への試料のロード、固相の洗浄、分析種の溶離迄の各ステップに生じ易いトラブルとその改善法について紹介する。

基本的には、既知濃度の分析種を添加した試料を調製し、各ステップにおいて分析種の回収実験を行い、どの画分に分析種がどの位含まれているかを定量的に把握する事が重要となる。それによって、どこのステップで分析種が損失しているかを確認出来る。不具合なステップを確認する事が出来れば、それに応じた対策を講じる事が出来る。

①ステップ1　試料の調製

試料を固相抽出カラムにロードする前に、試料を適切に調製する必要がある。タンパク質が多く含まれている食品や乳製品などでは、タンパク質が妨害をし、固相抽出において効率的に分析種を抽出出来ない場合がある。そのため、固相抽出カラムにロードする前に、2.3.13項で述べる除タンパク操作を行う必要がある。

一般的には、固相に対して出来るだけ溶出力の弱い溶媒に試料を溶解させておく。逆相系の場合は、水を多く含む溶媒に溶解する。分析種が溶解しない場合には、有機溶媒の組成比を出来る限り低くする事が望ましい。

又、pH調整、浮遊物や固形物の除去、希釈などを怠ると、トラブルを引き起こす場合がある。例えば、試料中のpHが固相への分析種の保持に影響を及ぼす場合がある。酸性の分析種を抽出する場合に、pHを塩基性に調整すると分析種は解離形として存在するため、逆相分配モードでは保持され難い。同様に、塩基性の分析種の場合に、pHを酸性に調整すると解離形となり固相への保持が難しくなる。従って、分析種のpKaを考慮し、pKaから2以上分子形となる様にpHを調製する必要がある。

その他、固相抽出を実施する前の試料の調製時に起こり得る可能性のあるトラブルとその改善方法について**表2-3-9**に示す。

②ステップ2　試料のロード

試料の調製に続いて、固相のコンディショニング及び平衡化を行い、官

表 2-3-9　試料の調製時に想定されるトラブルへの対応

想定されるトラブル	改善方法
容器等への吸着	シリル化した試験管又はプラスチック製試験管を使用する
試料中の固形物への吸着	完全にホモジネートする
不安定成分	温度、照度のコントロール、溶媒を選択する

表 2-3-10　試料のロード時に想定されるトラブルへの対応

想定されるトラブル	改善方法
不適切なコンディショニング	固相にあった適切なコンディショニングを実施する。シリカベース C18 の場合、乾燥させない事
分析種の保持が弱い	溶離力の弱い溶媒で希釈する。保持の強い固相を使用する。大きなカートリッジを使用する
試料マトリックスの変動	一定の pH 及びイオン強度に調整する
ボリュームオーバーロード	ロードする容量を小さくする
マスオーバーロード	大きなカートリッジを使用する

能基を活性化する。通常、固相抽出カラムは乾燥した状態でメーカーから出荷されるため、試料をロードする前にメタノールやアセトニトリルなどを用いて固相を洗浄後、試料を構成する液体に近い溶媒でコンディショニングをし、以降、乾燥させない様に注意する必要がある。試料をロードし、ロード中の素通り分画を分析し、分析種が溶出されていないかを確認する。分析種が抽出されている場合は回数率が悪くなるため、改善が必要である。**表 2-3-10** にトラブル時の改善方法を示す。

③ステップ 3　洗浄

　試料のロードに続いて、固相抽出カラムの洗浄を行い、妨害成分を除去する。洗浄ステップにおいて溶出液を分析し、分析種が溶出していないかどうか確認する。**表 2-3-11** にトラブル時の改善方法を示す。

④ステップ 4　分析種の溶離

　ステップ 2（試料のロード）やステップ 3（洗浄）において、分析種が溶出されずに、それでもなお、溶離液中への分析種の回収が悪い場合は分析種が強く固相に保持されている事が考えられる。分析種の分解や容器への吸着などを考慮し、用いている溶媒よりも溶出力の強い溶媒を選択する事

表 2-3-11 洗浄時に想定されるトラブルへの対応

想定されるトラブル	改善方法
分析種の保持が弱い	・保持の強い固相を使用する ・大きなカートリッジを使用する
試料マトリックスの変動	・溶離力の弱い洗浄液を使用する ・洗浄液の容量を減らす ・一定の pH 及びイオン強度に調整する

表 2-3-12 分析種の溶離時に想定されるトラブルへの対応

想定されるトラブル	改善方法
固相への分析種の保持が強過ぎる	・溶出溶媒量を増やす ・溶離力の強い溶媒を使用する ・溶出の流速を遅くする ・バックフラッシュを実施する ・保持の弱い固相へ変更する

になる。

　又、二次的な相互作用によって分析種が固相と強固に保持されている場合が有る。例えば、分析種が塩基性物質の場合に、疎水性相互作用のみならず、残存する活性シラノール基とのイオン交換相互作用により、アセトニトリルの様な溶出力の強い溶媒を用いても溶出されない場合がある。この場合には、疎水性相互作用とイオン交換相互作用の両方を同時に弱める事が出来る溶媒を選択する必要がある。即ち、溶出溶媒中に酸や塩基を添加する事で解決出来る場合がある。塩基性物質の場合は、濃アンモニアを含んだ溶出溶媒を用いる事で溶出出来る事が知られている。

　他の方法としては、保持が強い分析種は固相抽出カラムの先端に濃縮されている可能性があるため、試料をロードする方向から逆方向に溶離溶媒を送液する事（バックフラッシュ溶出又は逆方向溶出）により、分析種の溶出効率を改善出来る。それでも固相から分析種が溶出されない時には、他の充塡剤を選択する事が望ましい。**表 2-3-12** にトラブル時の改善方法を示す。

　固相抽出によって得られた試料を分析した時に、例えば、夾雑成分が妨

害をし、分析種を正確に検出出来ない場合がある。その場合、洗浄溶媒や、固相の種類などを変更する必要がある。より選択性の高い検出器、例えば、UV 検出器から質量分析計へ変更する事により妨害成分の影響を軽減出来る場合もあり、その場合は抽出条件を変更する事無く評価出来る。

　なお、逆相固相抽出法において再現性が悪い場合は、試料では pH、イオン強度などが、固相抽出カラムでは充塡剤のロット間差や充塡剤の選択が不適切である事が原因として挙げられる。

　又、固相抽出では、各ステップ（試料のロード、洗浄、分析種の溶離）において、流速を或る程度コントロールする事が必要である。流速が早過ぎると、分析種の回収率の低下や夾雑成分が十分に除去されない場合がある。流速の制御の方法としては、①自然落下、②加圧法、③吸引法、④遠心分離法などがあるので、各メーカーの固相抽出カラムの取り扱い説明書を参照して進めて行く必要がある。

　最後に、残留農薬の多成分一斉分析では、簡易で迅速な前処理法としてQuEChERS（Quick、Easy、Cheap、Effective、Rugged、Safe）法が利用出来る。遠心分離チューブ中でアセトニトリル抽出、塩析、脱水を同時に行い、遠心分離後の抽出液に充塡剤を混合して、精製を行う分散型の固相抽出法である。現在、残留農薬のみならず食品分析にも適用されている。これらはメーカーから分散型キットとして市販されているので参考して頂きたい。

2.3.12　超臨界流体抽出

　超臨界流体抽出（supercritical fluid extraction, SFE）は、超臨界流体を用いて、試料から分析種を抽出する手法であり、1970 年代に達成された、超臨界二酸化炭素を用いたコーヒー豆の脱カフェイン化の工業化が実用化例として知られている。又、色素や香味料や各種フレーバーの抽出に利用されている。

　始めに、超臨界流体について概説する。物質は、大気圧下で固体、液体、気体の３つの状態で変化して移り変わり、三重点では気体、液体、固体の

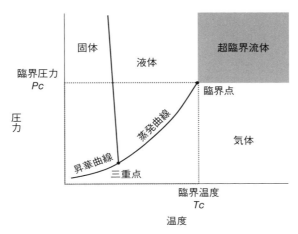

図 2-3-16　物質の状態図[1]

表 2-3-13　気体、超臨界流体、液体の物性値の比較[2]

	拡散係数 $D(\mathrm{m^2\ s^{-1}})$	密度 $\rho(\mathrm{kg\ m^{-3}})$	粘度 $\eta(\mathrm{mPa\ s})$
気体	10^{-5}	1	0.01
超臨界流体	$10^{-7}\sim10^{-8}$	$100\sim1{,}000$	0.1
液体	10^{-10}	1,000	1

三相が共存する（**図 2-3-16**）。液体と気体の境界線を蒸発曲線と言い、その高圧、高温側に臨界点がある。圧力と温度を高めて臨界点以上にすると、気液共存状態では無く、液体と気体の両方の性質をもった超臨界流体が生まれ、液体の様に物質を容易に溶解、或いは、気体の様に大きな拡散速度を示し、超臨界流体の物性値は**表 2-3-13**の様に変化する。

　臨界点を超える物質、即ち、超臨界流体は、液体に近い密度と溶媒和能力を有し、液体と比べ低い粘度且つ高い拡散係数を有する事が特徴として挙げられる。先に述べた様に、超臨界流体の密度は、温度と圧力により大きく変化する性質を有している。そのため、温度と圧力を変化させる事により、分析種の溶解度（超臨界流体の密度に依存する）を制御する事が出来、溶解力を連続的に変化させる事が出来る溶剤である。

表2-3-14　超臨界流体抽出法のメリット及びデメリット

メリット	デメリット
・超臨界流体は液体に比べて浸透性・拡散係数が高いため、抽出効率が高い	・溶媒と比べて溶解力が弱いため、試料の組成に影響を受け易い
・二酸化炭素では、抽出後の分離や濃縮に手間が掛からない	・親水性の高い成分の抽出が難しい
・低温で抽出出来るため、熱に不安定な、或いは酸化され易い分析種の抽出に有効である	・水分を多く含む試料では、抽出効率が悪くなり再現性が得られない
・分別抽出が可能である	
・LCやGCと接続する事が出来るため、抽出操作を自動化出来る	

表2-3-15　種々の物質の臨界温度と臨界圧力[1]

物質	臨界温度（℃）	臨界圧力（MPa）
二酸化炭素	31.3	7.38
亜酸化窒素	36.5	7.28
キセノン	16.6	5.84
水	374	22.1
メタノール	239	8.09
ヘキサン	234	3.17
トルエン	318	4.11
プロパン	97	4.25

　従って、超臨界流体は、液体には無い性質をもっているのが最大の特徴である。一般的に知られている超臨界流体抽出のメリット及びデメリットを**表2-3-14**に示す。

　表2-3-15に各物質の臨界温度及び臨界圧力を示す。臨界点を超える条件、即ち、超臨界状態の条件が高い温度、圧力の物質は実用的ではない。その中で、二酸化炭素は大気圧下では温度の上昇に伴い、固体から気体に変化、即ち昇華し、表2-3-15に示す通り臨界温度が31.3℃、臨界圧力が7.38 MPaと、他の物質と比較して低く、穏やかな条件で超臨界状態となるため取扱いが容易である。又、反応性が低く無毒である事から、医薬品や食品分野における抽出において、二酸化炭素が利用されている。

　例えば、茶葉やコーヒー豆から成分を抽出する場合に、熱水やエタノール等の有機溶媒で抽出する事が出来るが、熱に不安定な成分の場合には分解が懸念される。又、有機溶媒による抽出の場合には抽出物に有機溶媒が含まれるため除去操作が必要となる。一方、二酸化炭素による超臨界流体抽出では、臨界温度が低く、熱に不安定な成分の分解が抑える事が出来、且つ、成分抽出後に二酸化炭素を完全に分離する事が出来る。

　以下に二酸化炭素の特徴を纏めた[1]。

・化学的に不活性で毒性が無い。

・低粘性且つ高拡散な特性から、短時間で抽出や分取精製が可能である。

・温度と圧力調整により、超臨界流体の密度をコントロールする事が出来、分析種の溶解度を変化させる事が可能である。

・無極性のため、油脂等を良く溶かす。

・二酸化炭素は常温常圧下で気体となって放出されるため、溶媒除去や濃縮等の後処理が容易である。

・引火性や化学反応性が無いため、安全に使用出来る。

・高純度な二酸化炭素を低価格で入手出来るため、低ランニングコストを実現出来る。

・石油化学工場等から排出された二酸化炭素を回収、精製して使用しているため、二酸化炭素排出量を増加させない。

　この様に、超臨界流体を用いる抽出の特徴は、試料中から分析種を抽出、或いは不要な成分を除去する事が比較的容易に出来る点にある。又、エントレーナーと称する抽出補助溶媒を添加する事により、抽出を制御する事が出来る。エントレーナーとして、メタノール等のアルコール、アセトン、アセトニトリル、テトラヒドロフラン等を用いる事により、低極性成分から高極性成分の抽出が可能である。又、揮発性の酸や塩基、塩の添加により、極性の高い分析種の溶解性を改善する事が出来る。

　超臨界流体抽出システムの基本構成を**図 2-3-17** に示す。主となる溶媒として二酸化炭素を用い、適切な割合でエントレーナーを混合した後、プレヒートコイル内で溶媒を超臨界状態とする。超臨界状態の抽出溶媒は、

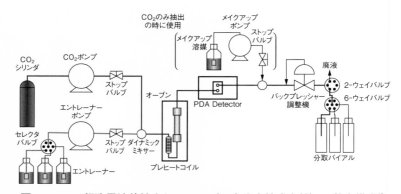

図2-3-17　超臨界流体抽出システム（日本分光株式会社）の基本構成[3]

抽出容器内にセットされた試料に導入され、目的とする分析種の抽出が可能となる。同時に、自動圧力調整弁を介して、分析種を回収する事が出来る。

試料の装填から超臨界流体抽出迄の一般的な流れを以下に示す。

①試料をホモジナイズし、秤量する。

②水分が多い試料では、脱水剤を添加し混合する。

③抽出容器へ装填し、超臨界流体抽出システムへ接続する。

④設定温度迄昇温する。

⑤抽出を開始する。

⑥設定流量・組成の抽出溶媒を送液する。

⑦設定圧力迄昇圧する。

⑧抽出物を回収する。

抽出容器と自動圧力弁の間にフォトダイオードアレイ（PDA）検出器などを接続する事により、分析種の抽出パターンをモニターする事も出来る。**図2-3-18**に二酸化炭素に各種エントレーナーを混合させた時のウイキョウの抽出モニター（PDA等高線）を示す。この様に、各エントレーナーの添加による200〜300 nmに吸収を有する分析種の抽出パターンを比較する事が出来、PDAでモニターする事により、必要に応じて抽出時間の延長

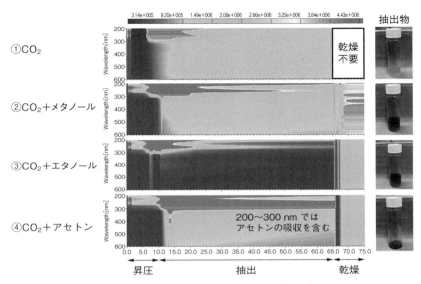

図2-3-18 各エントレーナーにおける抽出パターン

や短縮が可能である。

　又、エントレーナーの種類に加え、SFE 抽出では溶媒組成、温度、流速、圧力を変化させる事により分析種の抽出パターンを制御する事が出来る。これらのパラメーターを段階的に変更する事により、異なる複数の分画が得られる。

　例えば、初めに圧力の低い状態で抽出物を回収し、その後、一定時間経過後に圧力を高い状態で抽出物を回収し、最後にエントレーナーの比率を高めて二酸化炭素では溶解しなかった成分を抽出する事等が可能である。従って、同一の試料から複数の抽出画分を得る事が出来る。この事から、目的とする分析種以外の成分を先に抽出、除去し、その後に目的とする分析種を抽出・回収する事が出来る。

　最後に、超臨界クロマトグラフィー（supercritical fluid chromatography, SFC）について簡単に紹介する。

　超臨界流体は、液体と比べ低い粘度と、高い拡散係数を有する事から、クロマトグラフィーの溶離液として利用出来る。超臨界流体を用いると、分析カラムの背圧を気にする事無く、高速且つ高分離分析が可能である。又、極性有機溶媒の添加や温度、圧力を変化させる事により、ガスクロマトグラフィーやHPLCにはない幅広い分離モードが選択可能となる。検出器として紫外可視吸光光度検出器、PDA検出器、質量分析計、荷電化粒子検出器等が利用出来る。

　又SFCはHPLCでは分離し難いキラル化合物の分析においても有用性が示されており、更に合成高分子や脂質等の代謝物の分離等、種々の分析[4-6)]に用いられている。

　なお、SFCに使用可能な分析カラムはシリカゲル、化学結合形シリカゲル（シアノプロピル、アミノプロピル）等、HPLCに使用出来る一般的なカラム充填剤と同様であるが、溶離液に水溶液を使用する様な分析カラムや、超臨界流体により膨潤・収縮が生じるポリマー系カラムの使用は出来ないため、注意する必要がある。

2.3.13　除タンパク

　食品中には、多くのタンパク質が含まれている。これらの試料を直接、HPLC装置へ注入すると、分析カラムや流路内でタンパク質が変性し、トラブルの原因となる。従って、タンパク質を含む試料では、トラブルを回避するために予め、**表2-3-16**に示す除タンパク操作が必要となる。具体的には、有機溶媒や酸の添加等によってタンパク質を変性除去、或いは限外ろ過、透析や超遠心分離などにより物理的にタンパク質を試料中から除いた後に、HPLC装置へ試料を注入する必要がある。

　タンパク質は、外表面は親水性アミノ酸残基に覆われ、内部は疎水性アミノ酸残基に富んだ構造を有している。タンパク質の高次構造は、アミノ酸残基間のイオン間相互作用、アミノ酸残基間の水素結合、疎水性アミノ酸残基間の疎水性結合やジスルフィド結合などによって高度に維持されている。従って、タンパク質を変性除去するためには、これらの相互作用や

表 2-3-16　主な除タンパク操作

原理	例
タンパク質を変性させて除去	有機溶媒（アセトニトリル、メタノール等）
	酸（トリクロロ酢酸、過塩素酸等）
	重金属（鉛、亜鉛等）
	煮沸
	変性剤（高濃度の尿素やグアニジン等）
	界面活性剤
	還元剤（2-メルカプトエタノール、ジチオスレオトール等）
タンパク質を物理的に除去	限外ろ過
	透析
	超遠心分離

結合を切断する必要がある。

　例えば、タンパク質にアセトニトリルやメタノールなどの有機溶媒を添加すると、疎水性アミノ酸残基間の疎水結合が、又、トリクロロ酢酸や過塩素酸等の嵩高い強酸を添加すると、アミノ酸残基間のイオン間相互作用を破壊し、元来のタンパク質の高次構造状態に歪が生じて変性する。

　具体的な操作としては、食品中に有機溶媒や酸を添加し、よく撹拌をしてタンパク質を変性・不溶化させた後、遠心分離してタンパク質を沈殿させ、その上清を別の容器に採取する方法が用いられている。有機溶媒や酸を添加する除タンパク法は、タンパク質の沈殿、遠心分離、上清の採取などの操作が煩雑であり、又、酸を添加する場合には加水分解を始めとする化学反応が起きる可能性があるので注意を払う必要がある。

　他の方法として、タンパク質を変性させずに、限外ろ過膜や透析膜などを用いて、比較的温和な条件下で、分子サイズに基づいてタンパク質を除去する手法がある。

　限外ろ過膜は、細孔径よりも大きな分子とそれよりも小さな分子を分離する手法で、**図 2-3-19** の操作によりタンパク質を除く事が出来る。即ち、限外ろ過膜が装着されたフィルターへ試料溶液を添加し、遠心分離をし、ろ液を回収する事によりタンパク質を除去出来る。タンパク質はフィルタ

フィルターカップに　　　　　キャップして遠心　　　　フィルターカップから濃
サンプルを添加　　　　　　　　　　　　　　　　　　　縮液、または遠心チュー
　　　　　　　　　　　　　　　　　　　　　　　　　　ブからろ液を回収

図 2-3-19　限外ろ過法による除タンパク法

ー上に残査として濃縮される。利点としては、低分子量の分析種とタンパク質を迅速に分離出来る点であるが、限外ろ過膜への分析種の非特異的吸着や器材から分析に支障を来す妨害成分の溶出があるため、注意を払う必要がある。限外ろ過膜の選択や機材、操作方法などについては、メーカーの手順書を参照して頂きたい。

　上記以外の除タンパク手法としては、カラムスイッチング法がある。タンパク質の除去に加え、カラムに分析種をオンラインで濃縮する事が可能であり、前処理の自動化が出来る。

　カラムスイッチングとは、「2つ以上の異なるカラムを切替バルブを介して切り替え、試料前処理、複数のカラム選択、複数の分離モード選択などを行う方法」[1]の事であり、**図 2-3-20** に示す様に、カラム1にタンパク質を除去出来る充填剤を、カラム2に通常分析に使用する充填剤を選択出来る。

　例えば、カラム1ではシリカゲルの細孔内部にオクタデシルシリル（ODS）基を、外表面にジオール基を結合した内面逆相形カラムを利用する事により、試料中のタンパク質をオンラインで除去する事が出来る。**図 2-3-21** に示す様に、食品中のタンパク質はシリカゲル細孔内に入らず外表面を移動して除去され、分析種は細孔内に入り ODS 基に保持される。その後、スイッチングバルブを切替え、分析種は、カラム2の ODS カラムなどで分離出来る。

　カラムスイッチング法は、以前は前処理カラムの性能への不安や配管の

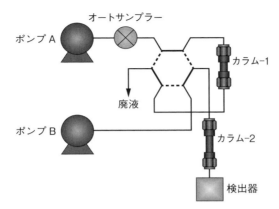

図 2-3-20　流路図の例[2]

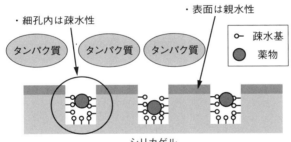

・担体表面は親水性、細孔内面は疎水性である内面逆相形前処理カラム。
・タンパク質は担体の外表面に保持される事なく、サイズ排除作用により
　カラムから溶出。
・分析種は細孔内に浸透し、逆相モードで保持。

図 2-3-21　浸透制限形前処理カラムのイメージ[2]

　煩雑さ、バルブ制御機構の複雑さなどから運用に課題があったが、最近で
は前処理カラムを始めとする器材の高性能化により、汎用性の高いシステ
ムの構築が実現されている。又、近年では、選択性の高い検出器、例えば
質量分析計との接続により、ハイスループット分析が可能となっており効
率化にも寄与出来る。更に、カラムスイッチング法は前処理操作の自動化
を可能とする事により、信頼性の高いデータの取得にも貢献出来る。

　試料中のタンパク質は、中小分子の定量にとっては厄介な存在である。例えば、分析種が食品中のタンパク質と結合する事により、分析種が効率良く抽出されない場合がある。着色成分の1つであるキサンテン系色素は、タンパク質と結合し易い事が知られている。そのため、タンパク分解酵素としてエンドペプチダーゼの一種である Proteinase K を用いて、キサンテン系色素とタンパク質の結合を防ぎ、キサンテン系色素を分析した事例が報告[3] されている。

　なお、Proteinase K は基質特異性が低く、幅広い pH 範囲に渡って安定で、pH 7.5～12 で最大酵素活性を示し、金属イオンにより活性が阻害されない特徴を有する事が報告されている。

2.3.14　脱脂

　複雑で不均一な成分で構成される食品試料においては、粉砕やホモジナイズによる均一化が重要な前処理工程となる。脂肪分が多い食品ではこの工程で、だまになったり容器にこびりついたりして、ハンドリングが悪くなるため、予め脂肪分を除去してから試料調製を行う事がある。この操作を「脱脂」と言う。脱脂操作でポイントなのが、操作前の試料の均一化と抽出操作（溶媒選択や抽出法）である。以下で詳細を解説する。

（1）試料の均一化

　脱脂などの抽出操作では、試料を均一に粉砕する事で抽出効率が高くなり、再現性が向上する。但し、粉砕によりゲル化するなど性状が悪くなる場合は、一旦凍結して半解凍の状態で粉砕する、ドライアイスと共に粉砕するなどの手法が知られている。又、少しずつ水を加えながら粉砕する、カッターなどで試料を粗く切った後に珪藻土（セライト 545 など）を加えて粉砕するなど、構成成分を上手く分散させる方法もある。

（2）抽出操作

　抽出操作では、①液体試料、②試料に含まれる水分が多い場合、③ホモ

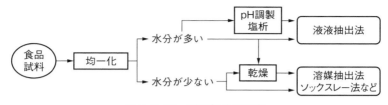

図 2-3-22　脱脂操作の選択

ジナイズ時に抽出液を添加する場合などでは液液抽出法、試料に含まれる水分が少ない場合はソックスレー法などの溶媒抽出法を用いる（**図 2-3-22**）。ソックスレー法は 3.1.3 項にて詳細が説明されているので、本項では、液液抽出法を中心に解説する。

　液液抽出でのポイントは溶媒の選択である。脱脂用の抽出溶媒としては、脂質が溶解し易いジエチルエーテル、石油エーテル、n-ヘキサン、ジクロロメタンなどを用いる事が多い。ジクロロメタンは、環境や安全性の観点から使用し難い面もあるが、脂肪分を溶かし込む能力が高い。水や緩衝液などと共に抽出を行うとジクロロメタンは下層になるのに対し、ジエチルエーテル、n-ヘキサンなどは上層になる。抽出後の操作のし易さも溶媒選択のポイントとなる。

　測定ターゲットを食品試料から抽出する溶媒としては、水、緩衝液、水と混合するアルコール、アセトニトリルなどの有機溶媒などがある。測定ターゲットとなる物質の酸解離定数（pKa）や安定性などを考慮して、水相側を適切な pH にコントロールしたり、塩析効果を狙って食塩などを添加したりするなどの条件検討が必要になる事がある（2.3.10 項参照）。標準物質が手に入る場合は、事前に回収率を検討して最適な条件を定めておく事が望ましい。

　液液抽出ではより良い回収率を得るために、通常操作を複数回繰り返す事が多いが、夾雑物である脂質を除去する意味では、余り神経質になる必要はない。界面が綺麗である事、水相、有機相両方に濁りがない事が判断のポイントである。

　液液抽出において最も注意しなければならないのが、界面付近が見えな

くなる「エマルジョン」である。エマルジョンが生じた場合は、脱脂効率が低下し、又、測定ターゲットの回収率がばらつく原因となる。界面がはっきりしない場合は、冷却乃至は加温する、ろ過を行う、遠心分離を行う、塩析効果を狙って食塩などを添加する、水相・有機相両方に溶解するアルコールなどを添加するなどの手法を取ると改善する事がある。改善しない場合は、溶媒の組み合わせを変更する、溶媒抽出法に切り替えるなど、前処理法のデザインを始めからやり直す必要がある。

2.3.15　脱塩

　試料中に大量に含まれる塩類は、回収率の低下、クロマトグラフィーでのピーク形状悪化、装置内での塩の析出などの原因になる事がある。特に、イオン交換の原理で精製・濃縮・分離を行う場合は、影響を強く受ける事が多い。この様な現象を回避するために、前処理中に塩類を除去する操作を「脱塩」と言う。

　脱塩操作をデザインするには、塩類がどの工程で増減するかを予め理解する事が重要である。試料由来の塩類量はコントロール出来ないが、ホモジナイズ液の組成、塩強度を増加させる pH 調整や濃縮などの条件や塩強度を減少させる溶媒抽出や固相抽出などの条件などを変更する事で、塩類の影響を抑える事が出来る。又、高感度な分析方法・装置を用いて、試料を希釈して測定する事も広義の脱塩操作と言えるであろう。

　脱塩操作を前処理工程として追加したい場合は、塩類と測定ターゲットの物理的な性質の違いに注目する必要がある。主な脱塩操作の原理は以下の４つである。

（1）透析、限外ろ過、ゲルろ過：分子の大きさ（分子量）の違いを利用

　透析は半透膜を介して試料溶液中から塩類を除去する方法である。時間が掛かるものの、特別な装置は必要なく、マイルドで大量の試料の処理も可能である。

　限外ろ過も半透膜を用いた脱塩方法ではあるが、遠心や加圧により強制的に塩を除去する手法で、脱塩と同時に濃縮が可能である。カートリッジタイプのフィルターなどが販売されており、使い勝手の良い手法である。

　ゲルろ過はクロマトグラフィーの手法であり、ゲルろ過樹脂の細孔によって分子量の違う成分を分離する事が出来る。

(2) イオン交換固相抽出：p*K*a の違いを利用

　イオン交換樹脂には、シリカゲルやポリマー樹脂にカルボン酸やスルホン酸などの酸性基を結合させた陽イオン交換樹脂、アミノ基などの塩基性基を結合させた陰イオン交換樹脂がある。測定ターゲット（分析種）の p*K*a に合わせて試料溶液の pH をコントロールし、塩類のみを樹脂に吸着させて除去、乃至は測定ターゲットを樹脂に結合させて塩類を系外に除去させる。多様な官能基をもつ樹脂カートリッジが販売されており、組み合わせて使う事も可能である（2.3.11 項参照）。

(3) 溶媒抽出、逆相固相抽出：溶媒への溶解度や疎水度の違いを利用

　有機溶媒を用いた溶媒抽出や逆相系の樹脂を用いた固相抽出カラムなどで測定ターゲットを抽出し、塩類を除去する方法である。脱塩と同時に精製・濃縮が可能であり、その後の前処理操作が簡略化出来る（2.3.10、2.3.11 項参照）。

(4) 蒸留法：蒸気圧の違いを利用

　蒸留装置を用いた脱塩方法である。加熱操作で気化し、且つ、安定な成分には有効な手段である。

　多くの分析メーカーから、脱塩操作に使用出来る製品が販売されているが、測定ターゲットの安定性・処理しなければならない試料量（体積や数）、脱塩後の前処理操作との連続性、試料濃縮の要否などから優先順位を判断する事になる。

　一般に、タンパク質では「透析・限外ろ過・ゲルろ過法」、疎水度の高い低分子には「溶媒抽出、逆相固相抽出」を用いるケースが多いが、文献のMaterial & Method にはその操作を選んだ理由迄は書かれていない事が殆どである。各操作の妥当性は測定ターゲットの物性に依存する事になるので、手法選択に当たっては、関連文献から操作の意図を読み取ったり、製品に添付されている標準プロトコールの意味を理解したりする事がとても大切になる。

2.3.16　加水分解

　加水分解は、化合物と水が作用して分解生成物を得る反応の事である。反応を進行させるためには、酸、アルカリ、又は酵素的な手法を用いる事が多く、それぞれ、酸分解、アルカリ分解、酵素分解と表現される。又、ショ糖の加水分解は転化、エステル類（特に、油脂類）の加水分解は鹸化など、独特の用語を用いる事もある。

　日本食品標準成分表で使われる分析法[1]でも、加水分解は多くの前処理で用いられているが、正しい測定値を得るためにはその目的を正しく理解し適切な反応条件を選択する事が大切である（**表 2-3-17**）。

表 2-3-17　食品分析で用いられている加水分解の例と目的

	反応例	目的
①	タンパク質の酸分解	構成単位であるアミノ酸に分解し、その組成値からタンパク量を推定する
②	でん粉のアミラーゼ、アミログルコシダーゼ処理	構成単位であるグルコースに分解し、グルコース量からでん粉量を推定する
③	ビタミン B_1、B_2 のホスファターゼ処理	同一活性をもつ化合物群（リン酸エステル）を酵素分解し、遊離体へ変換する
④	脂溶性ビタミン分析でのアルカリ分解	エステル体を遊離体へ分解する。共存する脂質を鹸化し、除去する
⑤	脂質分析での酸分解法	組織成分に結合、又は取り込まれている脂質を遊離・分散する
⑥	脂質分析でのレーゼゴットリーブ法	脂肪球を覆っている脂肪球膜（タンパク質の被膜）をアルカリで分散する

　加水分解反応の目的は、測定ターゲットを測定し易い化合物に変換させる事（表 2-3-17 の①～④）、又は共存成分を除去し易くする事（表 2-3-17 の④～⑥）にある事が殆どである。前者の場合、反応条件などは化合物ごとにある程度決まっているため、詳細情報は本書の各項を参照されたい。

　共存成分を除去する場合でも、対象成分が明確になっている④の事例では詳細な条件検討も可能であるが、⑤⑥の事例では多くの試料が対象になる様な大まかな条件設定となる。酸、アルカリは、エステル結合、アミド結合、ペプチド結合などを一度に加水分解する事が可能なため、複雑な構成成分をもつ食品の分析においてとても有用であり、酸、アルカリに安定な化合物群で幅広く応用が可能である。

　加水分解条件を検討する場合は、測定ターゲットと想定される妨害成分の物性（特に、測定ターゲットの加水分解反応中での安定性）を把握しておく必要がある。又、反応後の精製方法も選択のポイントである。

　脂肪酸は酸・アルカリの両方で安定である。脂肪酸を定量する場合は脂質を酸で加水分解し、溶媒抽出で有機相側に抽出する事が多い。一方、レチノールの分析などでは共存する脂質をアルカリ分解（鹸化）し、溶媒抽出で脂肪酸を水相側に抽出して除去する。加水分解時には共存するタンパク質なども同時に分解されるため、加水分解後の精製工程まで考慮して、条件を選択する事が大切である。

　一方、タンパク質を構成するアミノ酸はグルタミン、アスパラギン、トリプトファンなどの一部のアミノ酸を除き、比較的酸に安定なため、酸加水分解が選択される事が多い。しかしながら、アミノ酸は両性物質であり反応後の精製が難しいので、タンパク質として精製してから加水分解する方が合理的である。

　でん粉やビタミン B_1、B_2 で用いられている酵素による加水分解は温和な条件で進行するため、酸・アルカリに不安定な化合物でも使用出来る。その後の工程において、中和や脱塩が不要な事も利点の 1 つである。

2.3.17　誘導体化

　誘導体化とは、多くの場合は或る化合物の基本構造はそのままに、一部の構造を変化させる事を言う。分析化学においては、GC や HPLC で分析し易い化合物へ変換させる事例が多いが、それ以外にも様々な目的で誘導体化法が活用されている。

(1) 誘導体化反応の目的

　誘導体化法の目的は主に 4 つに分類出来る（**表 2-3-18**）。日本食品標準成分表で使われる分析法[1]でも多くの分析例が紹介されているが、以下、総アスコルビン酸分析で用いる誘導体化反応「2,4-ジニトロフェニルヒドラジン法（**図 2-3-23**）」を事例に前処理としての誘導体化の目的について解説する。

①変換

　総アスコルビン酸はアスコルビン酸（還元型ビタミン C）とデヒドロア

表 2-3-18　食品分析における誘導体化反応の目的

	分類	目的
①	変換	同一群に属す複数の化合物を、代表的な化合物に変換させる
②	安定化	不安定な化合物を取り扱い易い化合物に変換させる
③	分離	機器分析で測定・分離出来る化合物に変換させる
④	検出	高感度、高選択的に検出出来る化合物に変換させる

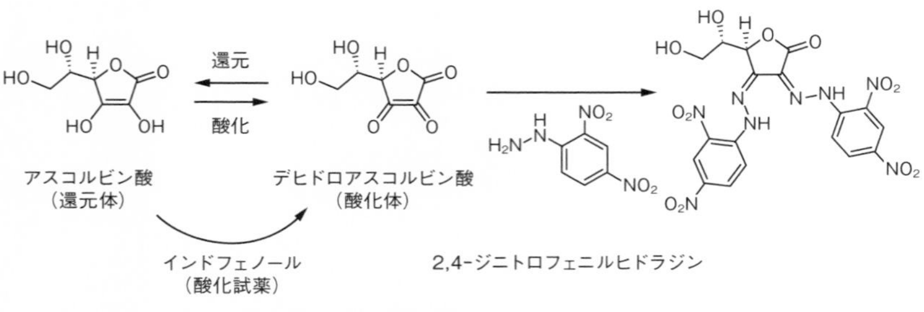

図 2-3-23　2,4-ジニトロフェニルヒドラジン法

スコルビン酸（酸化型ビタミンC）から構成される。両者の生理活性は同等と考えられている。食品分析でよく用いられている手法として、感度と特異性に優れた2,4-ジニトロフェニルヒドラジンでの誘導体化方法がある。本法では、1段目の反応としてインドフェノールを加えて酸化反応を行い、アスコルビン酸をデヒドロアスコルビン酸に変換させて、総アスコルビン酸として測定値を取得する[1)2)]。

変換を目的とした誘導体化は、複数の化合物が同一の活性を有しているビタミン類の分析で使用されている事が多く、レチノール（アルカリ性アルコールでエステル体を加水分解）、ビタミンB_1、B_2（酵素でリン酸エステルを加水分解）、ビタミンB_6（リン酸エステル、配糖体を酸分解）などで、同一化合物へ変換してから定量を行っている（3.2.1項参照）。

②安定化

アスコルビン酸とデヒドロアスコルビン酸は試料中で平衡関係にあるため、前処理中にその存在量が変動し易い。このため、前処理中に酸化処理を行い、更に、2,4-ジニトロフェニルヒドラジンと反応させて誘導体に変換させる事で安定な測定値を取得する。

この様な目的の誘導体反応は、タンパク質の中のアミノ酸を測定する際に酸化反応が生じ易いメチオニンやシステインを過ギ酸酸化法でメチオニンスルホンやシステイン酸に変換させる事例がある（3.2.2項参照）。

③分離

アスコルビン酸とデヒドロアスコルビン酸は極めて水溶性が高いため、HPLC測定においては逆相や順相モードで分離する事は難しい。本法では2,4-ジニトロフェニルヒドラジンを用いてオサゾンに変換する事で疎水度を上げ、溶媒抽出での精製や順相HPLCでの定量を可能にしている。

この様な目的の誘導体化はGCでよく見られる。GC分析では、測定ターゲットが揮発しないと分離分析が出来ない事から、難揮発性物質の揮発性物質への変換や熱安定性の向上を意図して誘導体化が行われる。トリメチルシリル化（TMS化）に代表されるシリル化反応、フルオロアシル化剤（トリフルオロ無水酢酸など）を用いたアシル化、メタノール・塩酸などを用いたエステル化などが代表的な誘導体化反応である[3)]。食品分析では、

脂肪酸測定におけるメチルエステル化などがこのカテゴリーに該当する[5]。

④検出

　アスコルビン酸とデヒドロアスコルビン酸は低波長側での UV 吸収しか
もたないため、HPLC–UV 検出法では選択性が悪く、感度も良くない。本
法では 2,4-ジニトロフェニルヒドラジンと反応させてオサゾンに変換させ、
可視領域（VIS495 nm）で検出する事で、選択性と感度を向上させている。

　HPLC では、高感度化のために誘導体化反応を用いる事例が多く、官能
基ごとに多彩な誘導体化試薬が知られている[4]。特に、水溶液中でも反応
が進行するアミノ基への誘導体化反応は使い勝手が良い。低波長の UV 吸
収しかないアミノ酸向けには多くの試薬が開発されている。アミノ酸分析
では、カラム分離の前に誘導体化を行う「プレカラム誘導体化法」と分離
後に装置内で誘導体化を行う「ポストカラム誘導体化法」がある。食品分
析ではポストカラム誘導体化法である「アミノ酸分析装置」を使う事が多
いが、前処理段階で誘導体化を行うプレカラム誘導体化法は汎用の HPLC
装置で分離・検出が出来、且つ、蛍光検出器や質量分析装置で容易に高感
度化する事も可能なため、検出に課題がある場合には有用な手法である
（3.2.2 項参照）。

（2）誘導体化法の分析法開発

　誘導体化法は、そのままでは分離・検出出来ない化合物を定量するため
の有用な手段であるが、誘導体化試薬の選択や反応条件の最適化など、分
析法の開発において 1～2 ステップ余計に手間が掛かる事になる。

　定量分析においては、誘導体化反応は定量的に反応が進行している事が
望ましく、反応条件（時間、温度、pH など）を丁寧に検討する必要があ
る。又、必要以上に誘導体化試薬を添加した場合には未反応の試薬が定量
を妨害する事があり、コスト的にも不利なため、適切な濃度を検討する必
要がある。食品分析での分析法開発においては、測定ターゲットが既知物
質である事が多く、文献などで代表的な反応条件を調べておく事が大切で
ある。

　一般的には、標準溶液を試料にして最適化した条件を実サンプルに適用

する事になるが、食品は多種多様な成分から構成されていてその組成も必ずしも明らかになっていない事から、反応が定量的に進行している事を見極めるのは難しい。加えて、食品分析固有の問題として、同じ測定対象でも試料の産地や季節などによって組成が大きく変化し、必ずしも事前にバリデートした条件や文献で報告されている手法で適切な測定値が得られない事がある。①既知濃度の標準物質を添加して回収率を確認する、②同一サンプルを複数回測定して測定値のばらつきを確認する、③適切な内標準物質を使用する、など毎回の測定で測定法の妥当性を確認しながら実試料を測定する事が望ましい。

2.4　クロマトグラフィーによる前処理

2.4.1　カラムスイッチング

　GC や HPLC を用いて食品試料の分析を行う際、試料マトリックスが複雑な場合、分析種が微量な場合などでは、前処理操作による夾雑成分の除去や分析種の濃縮が必要となる。この様な時、クロマトグラフィーにおけるカラムスイッチングと言う手法を利用する事により、これら前処理操作をオンラインで自動化する事が可能となる。

　カラムスイッチングとは、JIS によると、2つ以上の異なるカラムを切替バルブを介して切り替え、試料前処理、複数のカラム選択、複数の分離モード選択などを行う方法[1]と定義されている。カラムスイッチング法は、GC、HPLC において種々の目的で応用されているが、ここでは HPLC におけるカラムスイッチング自動前処理法の原理と食品試料分析への適用事例について述べる。

(1) 基本構成と手順
　カラムスイッチング法を利用した HPLC 自動前処理システムには、試料の特性や前処理目的によって様々な種類があるが、**図2-4-1**に基本的なシステムの流路例を示す。

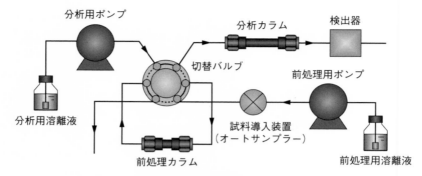

図 2-4-1　HPLC 自動前処理システムの流路例

　このシステムでは、前処理流路（前処理用ポンプ、試料導入装置）と分析流路（分析用ポンプ、分析カラム、検出器）が切替バルブ（2 ポジション 6 方バルブ）に繋がっており、このバルブが取り付けられた前処理カラムを前処理流路、分析流路とに切り替える事が出来る。このシステムによる試料溶液の前処理の流れは、以下の通りである。

①試料溶液を試料導入装置（オートサンプラー）より導入し（**図 2-4-2**、上段）、前処理用溶離液によって前処理カラムへ送る（図 2-4-1 で切替バルブの実線流路）。

②試料中の分析種を前処理カラムの入口付近でトラップさせる。前処理カラムに保持されない、或いは保持が弱い夾雑成分は、そのまま系外に排出する（図 2-4-2、中段）。従って、試料溶液の注入量を増やす事により、微量分析種の濃縮が可能となる。

③夾雑成分排出後、バルブを切り替え（図 2-4-1 で切替バルブの点線流路）、分析用溶離液によって分析種を前処理カラムから溶出させ（図 2-4-2、下段）、分析カラムで更に夾雑成分と分離して検出する。この時、分析用溶離液が前処理用溶離液と逆方向に流れる様になっている。これは、前処理カラム入口付近にトラップされた分析種を含む成分バンドを出来るだけ広がらない様にして分析カラムに溶出させるためであり、「バックフラッシュ法」と呼ぶ。

　なお、分析用溶離液では前処理カラムから溶出する事が出来ない夾雑成

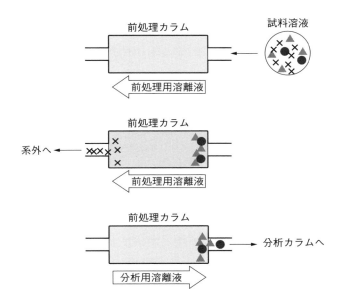

前処理カラム　　　　　　　　　試料溶液

前処理用溶離液

前処理カラム

系外へ ←

前処理用溶離液

前処理カラム

→ 分析カラムへ

分析用溶離液

● : 分析種　▲ : 保持される夾雑成分　✕ : 保持されない夾雑成分

図 2-4-2　自動前処理の流れ

分がある場合には、分析種を分析中、バルブを①の状態（バルブの実線流路）に戻し、前処理用とは別の溶出力が強い洗浄液で前処理カラムを洗浄する。**図 2-4-3** の様に、前処理用ポンプに溶媒切替バルブを付ける事によって自動的に前処理カラムの洗浄が可能となる。

　図 2-4-1 のシステムでは、前処理カラムに保持される夾雑成分が分析種と共にトラップ、濃縮されてしまうため、この様な夾雑成分が多い時には、「ハートカット法」と言う手法を用いる。ハートカット法は、カラムから溶出する特定の画分を選択的に次のカラムに導入する、又は系外に排出するカラムスイッチング手法[2]と定義されている。ハートカット法については、「(3)　カラムスイッチング法の食品分野への適用事例」で実際の適用事例と共に述べる。

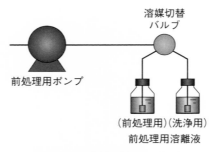

溶媒切替
バルブ

前処理用ポンプ

（前処理用）（洗浄用）
前処理用溶離液

図 2-4-3　溶媒切替バルブの例

（2）前処理カラムの選択

　カラムスイッチング法を用いる試料前処理においては、前処理カラムと
分析カラムの分離モードの選択、前処理用溶離液と分析用溶離液の選択が
条件設定のポイントとなる。これらの選択には、相応の知識と経験が必要
であるが、装置メーカーからシステム化された製品も販売されており、そ
の応用事例を参考にする事も出来る。

　HPLC の主な分離モードとしては、吸着、分配（順相分配、逆相分配）、
イオン交換（陽イオン交換、陰イオン交換）、サイズ排除があり、最も広く
用いられているのは逆相分配である。従って、分析カラム側については、
殆どの場合、逆相分配モードを用いる事が前提となる。

　逆相分配モードでは、溶離液が水、若しくは塩類の水溶液とメタノール、
若しくはアセトニトリルなどの水溶性有機溶媒との混合液になるため、前
処理用溶離液はこれら溶媒に対して相溶性でなければならない。又、前処
理用溶離液が分析用溶離液に対して出来るだけ弱溶媒でないと、分析カラ
ムに流入した際にカラム入口におけるピーク拡散の原因となってしまう。
一般に、逆相分配モードに対応する前処理カラム側の分離モードとしては、
逆相分配、イオン交換、サイズ排除が実用的である。

　前処理カラムとしては、一般に内径 2〜6 mm、長さ 10〜50 mm 程度の
クロマトグラフィー管に各種充填剤を充填したものを用いる。充填剤の基
材には、シリカゲルの他、合成樹脂を用いる場合もある。合成樹脂製充填
剤には、独特の特性を有するものがあり、目的によっては多用される。但

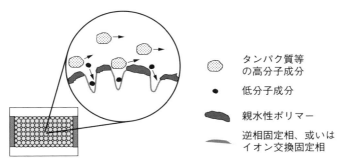

タンパク質等
の高分子成分

低分子成分

親水性ポリマー

逆相固定相、或いは
イオン交換固定相

図 2-4-4　除タンパク用前処理カラムの例
（「Shim-pack MAYI シリーズ」株式会社島津製作所）

し、溶媒による膨潤（充塡剤変形の原因となる）や収縮（カラム内に隙間が発生する原因となる）が起こるため、技術資料や取扱説明書などで使用可能な溶媒を確認しておく必要がある。前処理専用のカラムの他、ガードカラムを前処理用として用いる事もある。

　前処理カラムの中で、除タンパク用に用いられるものとして浸透制限形カラムがある。浸透制限形カラムは、タンパク質の様な高分子成分が充塡剤細孔へ浸透するのをサイズ排除の原理によって抑制し、細孔内に浸透出来る低分子成分のみを細孔内の固定相に保持させる事が可能なカラムである。

　図 2-4-4 に、浸透制限形カラムの例を示す。本カラムは、外表面に親水性ポリマーをコーティングし、細孔内表面に逆相固定相（C18、C8 など）やイオン交換固定相（四級アンモニウム基、スルホ基）を化学結合させた全多孔性シリカゲルを充塡したものである。このうち、逆相固定相を結合させた浸透制限形カラムを一般に「内面逆相カラム」とも呼ぶ。

　浸透制限形カラムは、医薬品分野において血中医薬品分析に用いられている。このカラムに血清などをそのまま注入すると、血清タンパク質はサイズ排除作用により、速やかに系外に排出される。一方、低分子である医薬品成分は細孔内に浸透して逆相分配モード、或いはイオン交換モードで保持される。タンパク質が排出された後、バルブを切り替え、分析用溶離液によって細孔内に保持された医薬品成分と夾雑成分とを分離する。この

様に除タンパクを自動で行う事が出来るため、食品分野への応用も期待される。

（3）カラムスイッチング法の食品分野への適用事例

　カラムスイッチング法の適用事例として、ベリー果汁中フェルラ酸のHPLC 自動前処理分析法を紹介する。フェルラ酸（**図 2-4-5**）はポリフェノールの一種で、機能性成分として知られており、逆相クロマトグラフィーによる分析が一般的である。

　図 2-4-6 は、逆相クロマトグラフィーによるベリー果汁全体の溶出パターンを確認するため、そのろ液をグラジエント溶離により分析した時のクロマトグラムの一例である。

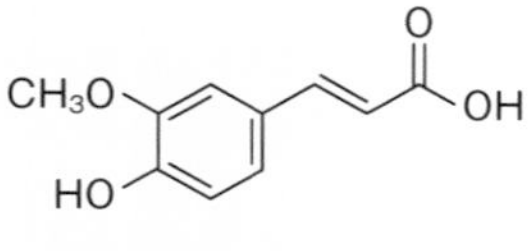

図 2-4-5　フェルラ酸

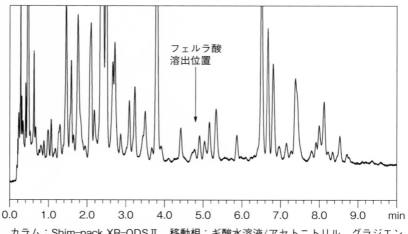

カラム：Shim-pack XR-ODSⅡ、移動相：ギ酸水溶液/アセトニトリル、グラジエント溶離、流量：0.8 mL/min、温度：40℃、検出：吸光光度検出器（315 nm）

図 2-4-6　ベリー果汁ろ液のクロマトグラム

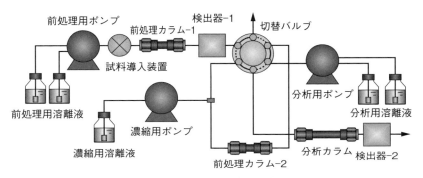

図2-4-7　ハートカット法による自動前処理システムの例

　このクロマトグラムを見ると、試料全体に夾雑成分が多く、且つフェルラ酸が溶出位置付近の夾雑成分に埋もれており、その定量分析には適切な前処理が必須である事が分かる。この前処理にカラムスイッチング法を適用するには、どの様な方法を選べば良いだろうか。

　本分析の様に試料全体に夾雑成分が多い場合、ハートカット法を用いる事により、フェルラ酸の溶出画分のみを前処理カラムに導入する事が可能となる。**図2-4-7**に、ハートカット法による自動前処理システムの例を示す。

　このシステムには、2種類の前処理カラムが付いている。前処理カラム-1では、試料中の夾雑成分と分析種画分を粗分離する。前処理カラム-2では、分析種画分をトラップ、濃縮する。又、前処理カラム-2の手前には、分析種画分のトラップ効率を高めるための濃縮用ポンプが付いている。前処理用ポンプと分析用ポンプには各々2種類の溶離液がグラジエント装置、或いは溶媒切替バルブ（図2-4-3参照）でセットとされているが、片方は主として洗浄用である。

　このシステムを用いた果汁中フェルラ酸の自動前処理分析は、次の手順で行う。

①フェルラ酸と夾雑成分との粗分離

　　試料溶液（ベリー果汁ろ液）を試料導入装置により前処理カラム-1へ導入する（**図2-4-8**）。検出器-1のクロマトグラムを見ながら、フェルラ酸画分の時間範囲を決める。

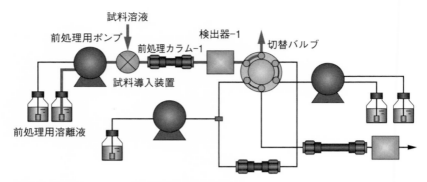

前処理カラム-1：Shim-pack XR-ODS（内径4.6 mm、長さ75 mm）、前処理用溶離液：20 mmol/Lリン酸ナトリウム緩衝液（pH 2.5）/アセトニトリル（75：25）、流量：1.5 mL/min、温度：40 ℃、検出器-1：吸光光度検出器（315 nm）

図 2-4-8　前処理カラム-1 によるフェルラ酸と夾雑成分の粗分離

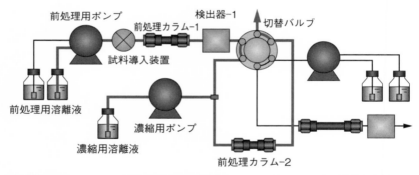

分析カラム-2：Shim-pack GVP-ODS（内径4.6 mm、長さ10 mm）、濃縮用溶離液：20 mmol/Lリン酸ナトリウム緩衝液（pH 2.5）、流量：4.5 mL/min

図 2-4-9　前処理カラム-2 によるフェルラ酸溶出画分のトラップ

②フェルラ酸画分の濃縮

　　①で決めた時間範囲の間だけバルブを切り替え、フェルラ酸画分を前処理カラム-2へ送る（**図 2-4-9**）。この時、前処理用溶離液より溶出力の弱い濃縮用溶離液を濃縮ポンプにより同時に送液する。これにより、前処理カラム-2でのトラップ効率を高める事が出来る。

③分析カラムによるフェルラ酸の分析

　バルブを切り換え、分析用溶離液を前処理カラム-2 に流し、カラム入口付近にトラップしたフェルラ酸画分をバックフラッシュ法で分析カラムへ送り、夾雑成分と分離し定量する（**図 2-4-10**）。なお、分析中に前処理カラム-1 を洗浄液で洗浄する事が出来る。又、分析終了後①の手順時、分析カラムの洗浄が可能である。

図 2-4-11 に、本法で前処理カラム-1、分析カラムで得られたクロマトグラムを示す。分析カラムのクロマトグラム右上のスペクトルは、本分析

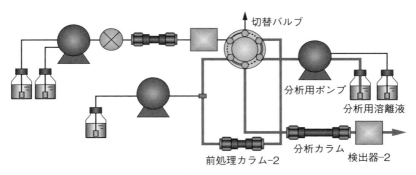

分析カラム：Shim-pack XR-ODS（内径4.6 mm、長さ75 mm）、分析用溶離液：50 mmol/L酢酸アンモニウム緩衝液（pH　4.7）/アセトニトリル（80：20）、流量：1.0 mL/min、温度：40 ℃、検出器-2：吸光光度検出器（315 nm）

図 2-4-10　分析カラムによるフェルラ酸の分析

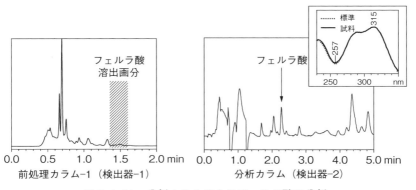

図 2-4-11　分析カラムによるフェルラ酸の分析

で得られたフェルラ酸ピークと標準品とのスペクトル比較であり、よく一致している事が分かる。

　本法で使用している前処理カラム-2 は、ガードカラムである。又、前処理カラム-1 と前処理カラム-2 は同じ ODS カラムを使用しており、前処理時と分析時の溶離液 pH を変える事により、弱酸であるフェルラ酸の解離状態を変化させて夾雑成分との分離を行っている。

　この様に、条件を上手く工夫すれば、特別な前処理カラムを用意しなくても自動前処理を行う事が可能である。なお、本法によるベリー果汁中フェルラ酸の分析時間は、前処理を含めて約 7 分であった。

2.4.2　アフィニティークロマトグラフィー

　LC 分析や LC/MS 分析に使用される分離モードの中では、逆相分配モードが圧倒的に多い。即ち、試料分析ではその 6〜7 割以上に ODS を始めとする逆相カラムが使用されているとされる。そこで、それ以外の順相分配、イオン交換、サイズ排除などの原理に基づく分離モードの使用頻度は当然低い。

　しかし、物質分離の観点から言えば、逆相分配モードは選択性が低いのに対して、その他の分離モードには概して分離選択性が高いものが多い。その筆頭がアフィニティークロマトグラフィー（affinity chromatography, AC）である。AC は、汎用性はないものの、他の分離モードと比較して格段に高い溶質選択性を示すのが特長である。

　AC は、JIS においては「生物由来の親和性、分子認識能などを主な分離機構とするクロマトグラフィーの総称。」[1]と定義され、その例としてイムノアフィニティークロマトグラフィー（immunoaffinity chromatography, IAC）とケモアフィニティークロマトグラフィー（chemo-affinity chromatography, CAC）が紹介されている。更に、IAC については、「抗体、免疫グロブリンなどの抗体関連物質を固定相に用いるクロマトグラフィーの手法」と解説されている。又、IAC については、「鉄、ガリウムなどの金属イオンを担体に固定化したカラム、ジルコニア、チタニアなどの

金属酸化物を固定相とするカラムを用いて、これに選択的に親和力を示す
分子を分離、濃縮、精製する手法。金属イオンを利用するものを、特に金
属固定化アフィニティークロマトグラフィー（immobilized metal affinity
chromatography, IMAC）と言う。」との記述がある。

さて、AC という用語は、ほぼ1980年代までは、バイオアフィニティー
クロマトグラフィー（bio-affinity chromatography、生物学的親和性クロ
マトグラフィー）の省略形として使用されていたが、現在では上記の定
義[1]にある通り、IAC、CAC（化学的親和性クロマトグラフィー）、金属固
定化アフィニティークロマトグラフィーなど、特定の親和性（アフィニテ
ィー）を利用するクロマトグラフィー群を総称する概念・用語と理解する
のが適当である。

従って、AC を親和性の起源に従い、バイオアフィニティークロマトグ
ラフィーと CAC に大別した上で、更にその中を**表2-4-1** の様に整理する

表2-4-1　アフィニティークロマトグラフィーの分類

大分類	主な中分類	固定相	分析種（補促物）
バイオアフィニティークロマトグラフィー	イムノアフィニティークロマトグラフィー（IAC）	抗原又は抗体	抗体又は抗原
	レクチンアフィニティークロマトグラフィー	レクチン又は糖	糖又はレクチン
	その他	レセプター又はホルモン	ホルモン又はレセプター
		結合タンパク質又は結合物	結合物又は結合タンパク質
		アビジン又はビオチン	ビオチン又はアビジン
ケモアフィニティークロマトグラフィー	チタニアクロマトグラフィー	チタニア	リン酸化合物
	金属固定化アフィニティークロマトグラフィー（IMAC）	金属イオン	配位性化合物
	シクロデキストリン担持クロマトグラフィー	シクロデキストリン	疎水性化合物
	銀担持クロマトグラフィー	銀イオン	不飽和化合物
	ホウ酸ゲルクロマトグラフィー	ホウ酸	糖
	分子鋳型クロマトグラフィー	分子鋳型	鋳型分子

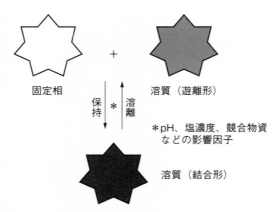

固定相　　　　　　　　溶質（遊離形）

保持　*　溶離

*pH、塩濃度、競合物資
　などの影響因子

溶質（結合形）

図 2-4-12　アフィニティークロマトグラフィーにおける分離の概念図

表 2-4-2　バイオアフィニティーが発現する組み合わせの例

組み合わせ	生体高分子	結合物
タンパク質同士	タンパク質 （プロテインA） （リン酸化酵素）	タンパク質 （IgG） （膜タンパク質）
タンパク質と生体高分子	タンパク質	核酸
	タンパク質	糖タンパク質
タンパク質と低分子物質	抗体	低分子抗原
	受容体	ホルモン
	酵素	基質
	結合タンパク質 （レクチン） （アビジン）	リガンド （糖） （ビオチン）
核酸同士	核酸	相補的核酸

（　）内は具体例

ことが必要と思われる。

　AC は、固定相と溶質との選択的な結合に立脚した分離法である（**図 2-4-12**）。バイオアフィニティー（生物学的親和性）が発現する組み合わせには**表 2-4-2** に示すものなどがあり、通常はその一方を担体に結合させてカラムに充填し固定相とする。次に試料水溶液をカラムにチャージし、固

表 2-4-3 アフィニティークロマトグラフィーで使用される溶出法の原理

原理	移動相への添加物	説明
競合溶出	類似物質	分析種と構造がよく似た物質と固定相を競合させる （His タグの場合、150 mM 以上のイミダゾール。ヒスチジン、ヒスタミンも）
塩濃度の増加	塩	高濃度の塩でタンパク質の高次構造を変化させて結合能を低下させる
pH 調整	酸	pH を下げて固定相の結合能を低下させる （His タグの場合、Ni 配位で pH 4 程度、Co 配位で pH 6 程度）
金属イオンの除去	キレート剤	EDTA などで担体から金属イオンを除去して配位能をなくす

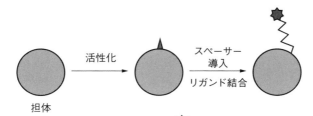

●：抗原、抗体などのリガンド

図 2-4-13 バイオアフィニティー充填剤の調製法

定相に結合しない夾雑物を適切な洗浄液で洗い落とした後、捕捉された目的物質を**表 2-4-3** に掲げる原理により溶出する。

又、AC は固定相の種類に応じて以下のように分類出来る。

(1) バイオアフィニティークロマトグラフィー

生体に由来する物質（タンパク質、核酸、糖類など）、生体そのもの（微生物）などが有する高度な物質識別能を利用し、それらを固定化した充填剤をカラムに充填して使用する。バイオアフィニティークロマトグラフィー用の充填剤の多くは、担体（アガロース、デキストラン、合成ポリマーなど）に適当な長さのスペーサーを介してバイオアフィニティーを発現するリガンドを結合した構造となっている（**図 2-4-13**）。メーカーから多種

類の製品が市販されているが、自製する場合は、①担体の活性化、②スペーサーの導入、③リガンドの固定化、の順序で行う。

　次に、カラムに試料水溶液を掛け、分析種を充填剤に選択的に捕集させて不要な夾雑成分は洗い流す。最後に、充填剤固定相に親和性をもつ競合成分を入れ込んだ溶離液を用いて溶質を分離する。

（2）イムノアフィニティークロマトグラフィー

　固定化抗体カラムなどを用い、抗原の選択的な捕集、濃縮、分離などに使用される事が多いが、逆に抗原を固定化して抗体を精製する事にも使用できる。抗体などの生体高分子を固定化した場合には、タンパク質などが疎水性環境で変性・分解しない様に注意する事が求められる。

（3）レクチンアフィニティークロマトグラフィー

　レクチン（lectin）は嘗て植物凝集素と呼ばれた様に、特定の糖質に対して選択的に結合するタンパク質の総称である。レクチンを固定化した担体を用いるクロマトグラフィーをレクチンアフィニティークロマトグラフィー（lectin affinity chromatography）と称する。レクチンはオリゴ糖サイズの糖鎖をアノマー配位、糖配列、結合位置を含めて認識出来るため、糖タンパク質の精製や糖鎖構造の推定などに使用される。一般には、レクチンに親和性を示す単糖・二糖などを含む中性付近の水系移動相が使用されるが、固定化したレクチンにダメージを与える条件（高温、有機溶媒、強酸性、タンパク分解酵素など）を避ける必要がある。

（4）ケモアフィニティークロマトグラフィー

　バイオアフィニティー担体は生体成分であるため、加水分解、タンパク質のコンフォメーション変化、腐敗など、担体としての安定性に欠ける。それに対して、安定な化学要素を使用してバイオアフィニティー担体と同等の選択性を発揮させるものが、ケモアフィニティー担体である。この範疇には、チタニア、ジルコニア、クラウンエーテルなど、多数の化合物が含まれる（**表2-4-4**）。

表 2-4-4　代表的なケモアフィニティー担体とその使用例

担体の型	担体	主な分析種
ホロ型	キレート樹脂	各種金属イオン
	アルミナ	カテコール（アミン）類
	ホウ酸ゲ	糖類
	銀担持担体	不飽和脂肪酸
	チタニア	リン酸化合物
	α-シクロデキストリン	（置換）ベンゼン類
	β-シクロデキストリン	（置換）ナフタレン類
	γ-シクロデキストリン	（置換）アントラセン類
	18-クラウン-8	アミン類
	シクロファン	疎水性ゲスト
	カリックスアレーン	疎水性ゲスト
	MIP	鋳型化合物
アポ型	Chelating Sepharose 6B	蛍光性 Koshland 試薬標識体

(5) チタニアクロマトグラフィー

　チタニア（TiO_2）はリン酸類に高い親和性を示し、その強度は一般に非置換リン酸基の数に比例する。

$$H_3PO_4 > R\text{-}O\text{-}PO_3H_2 > (R\text{-}O)_2\text{-}PO_2H \gg (R\text{-}O)_3\text{-}PO$$

　リン酸類はルチル形チタニアよりもアナターゼ形チタニアに強く吸着され、吸着率には pH 依存性がある（pH 4 付近で極大値）。しかし、リン酸類の保持機構はイオン交換ではなく、キレート形成に類似したものと推定されている。

　そこで、pH 4 付近で試料中のリン酸類を保持させ、移動相中の有機溶媒濃度の増加、ホウ酸塩などの緩衝液の塩濃度の増加、塩基性 pH などにより分離を行う。その際、移動相中に無機リン酸類が含まれていると、固定相表面にそれらが化学結合してチタニアがリン酸エステル類で覆われるため、有機リン酸類に対する保持が顕著に減少するので注意が必要である。

（6）金属固定化アフィニティークロマトグラフィー

　JIS[1]では表題のような表現であるが、嘗ては金属キレートアフィニティークロマトグラフィー（metal chelate affinity chromatography, MCAC）と呼ばれ、現在では固定化金属（イオン）アフィニティークロマトグラフィーとも呼ばれる。本法は、主に金属イオンに親和性をもつタンパク質の精製に利用されている。

　本分離モードは、イミノジ酢酸などのリガンドに金属イオン（Cu^{2+}、Ni^{2+}、Zn^{2+}、Co^{2+} など）を配位させた固定相に、タンパク質中のシステイン、ヒスチジン、トリプトファンなどの金属配位性残基がキレートを形成する事により保持される事に基づく。保持されたタンパク質の溶離には、移動相中へのキレート試薬（EDTA など）や競合試薬（グリシン、ヒスチジン、イミダゾールなど）の添加、それらのグラジエント溶離、低 pH 移動相の使用などが有効である。

　従って、固定相中の金属イオンに親和性を示すグリシン緩衝液などを移動相成分としてはならない。

　AC は各種の精製手段の中でも、最も選択性が高くワンステップで高い精製効率が得られる特長がある。従って、食品試料の様にマトリックスが複雑な場合には、実施条件を適切に設定出来れば AC は優れた前処理法を提供出来る。AC の実施条件の設定に当たっては、成書[2]を参考にされたい。又、様々な食品試料についての具体的な前処理法については、ハンドブック[3]をご覧戴きたい。

2.1.1
参考文献
1）和田敬三編、「新食品学実験法」、朝倉書店（1990）.
2）菅原龍幸、前川昭男監修、「新食品分析ハンドブック」、建帛社（2000）.

2.1.2
参考文献
1）社団法人日本食品科学工学会編、「新・食品分析法」、光琳（1996）.
2）菅原龍幸、前川昭男監修、「新食品分析ハンドブック」、建帛社（2000）.

2.1.3
参考文献
1）泉　美治、中川八郎、三輪谷俊夫共編、「生物化学実験の手引1　生物試料調製法」、化学同人（1985）.

2.1.4
参考文献
1）中村　洋監修、「分析試料前処理ハンドブック」、丸善（2003）.

2.2.1
参考文献
1）中村　洋監修、「分析試料前処理ハンドブック」、丸善（2003）.

2.2.2
参考文献
1）中村　洋監修、「分析試料前処理ハンドブック」、丸善（2003）.

2.2.3
参考文献
1）中村　洋監修、「分析試料前処理ハンドブック」、丸善（2003）.
2）社団法人日本化学会編、「第5版実験化学講座4」、丸善（2003）.

2.2.4
参考文献
1）社団法人日本食品科学工学会編、「新・食品分析法」、光琳（1996）.
2）菅原龍幸、前川昭男監修、「新食品分析ハンドブック」、建帛社（2000）.
3）社団法人日本分析化学会編、「分析科学実験の単位操作法」、朝倉書店（2004）.

2.2.5
参考文献
1）中村　洋監修、「分析試料前処理ハンドブック」、丸善（2003）.

2）公益社団法人日本食品衛生協会、「食品衛生検査指針 理化学編 2015」公益社団法人日本食品衛生協会（2015）.

3）厚生労働省監修、「食品衛生検査指針 食品添加物編 2015」、社団法人日本食品衛生協会（2003）.

2.3.1

引用文献

1）平尾良光、「ぶんせき」、pp.706–713，社団法人日本分析化学会（1984）.

2）高橋　豊、川畑慎一郎、「ぶんせき」、pp.328–335，社団法人日本分析化学会（2007）.

3）中村　洋企画・監修、公益社団法人日本分析化学会液体クロマトグラフィー研究懇談会編、「LC/MS、LC/MS/MS Q&A 100 虎の巻」、pp.111，オーム社（2016）.

参考文献

1）中村　洋監修、「分析試料前処理ハンドブック」、丸善（2003）.

2）中村　洋企画・監修、公益社団法人日本分析化学会液体クロマトグラフィー研究懇談会編、「LC/MS、LC/MS/MS のメンテナンスとトラブル解決」、オーム社（2015）.

2.3.2

引用文献

1）萩中　淳編、「分析科学」、pp.36，化学同人（2007）.

参考文献

1）中村　洋監修、「分析試料前処理ハンドブック」、丸善（2003）.

2.3.3

参考文献

1）日本薬学会編、「衛生試験法・注解 2010」、金原出版（2010）.

2）「食品表示基準について（最終改正平成 30 年 7 月 10 日消食表第 375 号)」、消費者庁（2018）.

2.3.4

参考文献

1）「JIS K 0211：2013　分析化学用語（基礎部門)」、日本規格協会（2013）.

2）大木道則、大沢利昭、田中元治、千原秀昭編、「化学辞典」、東京化学同人（1994）.

2.3.5
引用文献
1）宮下文秀、「ぶんせき」、p.7，社団法人日本分析化学会（2008）.

2.3.6
参考文献
1）中村　洋監修、「ちょっと詳しい液クロのコツ―前処理編」、丸善（2006）.

2.3.7
参考文献
1）中村　洋監修、「分析試料前処理ハンドブック」、丸善（2003）.
2）化学同人編集部編、「続　実験を安全に行うために　第3版　基本操作・基本測定編」、化学同人（2007）.

2.3.8
引用文献
1）大木道則、大沢利昭、田中元治、千原秀昭編、「化学辞典」、p.306，東京化学同人（1994）.

2.3.9
参考文献
1）中村　洋監修、「分析試料前処理ハンドブック」、丸善（2003）.

2.3.10
引用文献
1）日本分析化学会編、「分析化学データブック改訂5版」、p. 125、丸善（2004）.
2）岡橋美貴子、「2016年液体クロマトグラフィー研修会（LC-DAYs 2016）講演要旨集」、pp. 47-48（2016）.
3）上野英二、「日本農薬学会誌」、35、pp. 74-78（2010）.

2.3.11
参考文献
1）ジーエルサイエンス編、「固相抽出ガイドブック」（2012）.
2）佐々木俊哉、食品衛生学雑誌、第58巻、pp. 19-22、（2017）.

2.3.12
引用文献
1）中村　洋監修、「ちょっと詳しい液クロのコツ」、p.94、丸善（2006）.
2）中村　洋監修、「LC/MS, LC/MS/MSの基礎と応用」、p.70、日本分析化学会、オーム社（2014）.
3）日本分光株式会社ホームページ（https://www.jasco.co.jp/jpn/technique/

internet-seminar/sf/sf2.html)、(2018 年 8 月 30 日現在).

4) Alfres Svan et al., *J. Chromatogr.*, 1409, 251–258 (2015).
5) Kayori Takahashi et al., *J. Chromatogr.*, 1193, 151–155 (2008).
6) Takeshi Bamba et al., *J. Chromatogr.*, 1250, 212–219 (2012).

参考文献

1) 堀川愛晃、「超臨界流体クロマトグラフィー（SFC）の有効的な使い方」、*CHROMATOGRAPHY*, 32, 153–158 (2011).
2) 寺田明孝、「2016 年液体クロマトグラフィー研修会（LC-DAYs 2016）講演要旨集」、pp.53–56 (2016).

2.3.13

引用文献

1)「JIS K 0214：2011　分析化学用語（クロマトグラフィー部門）」, p. 11、日本規格協会 (2011).
2) 竹澤正明、「2016 年液体クロマトグラフィー研修会（LC-DAYs 2016）講演要旨集」、pp. 61–63 (2016).
3) 山下　毅、中川大輔、篠崎史義、伴埜行則、「京都市衛生環境研究所年報 No. 82」、pp. 91–95 (2016).

2.3.14

参考文献

1)「日本食品標準成分表 2015 年版（七訂）分析マニュアル・解説」、pp.33–37, 建帛社 (2015).
2) 中村　洋監修、「分析試料前処理ハンドブック」、pp.186–188, 丸善 (2003).
3) 日本薬学会編、「衛生試験法・注釈」、pp.214–216, 金原出版 (2010).
4) 日本農薬学会環境委員会・残留農薬分析検討委員会編、「残留農薬分析知っておきたい問答あれこれ　改訂 3 版」、pp.72–77, 日本農芸学会 (2012).

2.3.15

参考文献

1) 中村　洋監修、「分析試料前処理ハンドブック」、pp.188–190, 丸善 (2003).

2.3.16

参考文献

1)「日本食品標準成分表 2015 年版（七訂）分析マニュアル・解説」、建帛社 (2015).

2.3.17
参考文献

1)「日本食品標準成分表 2015 年版（七訂）分析マニュアル・解説」、pp.171-174,
　建帛社（2015）.
2) 日本薬学会編、「衛生試験法・注釈」、pp.244-246, 金原出版（2010）.
3) 小川　茂、「GC/MS、LC/MS のための誘導体化」、ぶんせき、pp.332-336,
　日本分析化学会（2008）.
4) 中村　洋監修、「分離分析のための誘導体化ハンドブック」、丸善（1996）.
5)「日本食品標準成分表 2015 年版（七訂）分析マニュアル・解説」、pp.196-205,
　建帛社（2015）.

2.4.1
引用文献

1)「JIS K 0214：2013 分析化学用語（クロマトグラフィー部門）」、p.11，日本
　規格協会（2013）.
2)「JIS K 0214：2013 分析化学用語（クロマトグラフィー部門）」、p.33，日本
　規格協会（2013）.

参考文献

1) 中村　洋監修、「分析試料前処理ハンドブック」、丸善（2003）.
2) 中村　洋監修、「ちょっと詳しい液クロのコツ—前処理編」、丸善（2006）.

2.4.2
引用文献

1)「JIS K 0124:2013 分析化学用語（クロマトグラフィー部門）」、日本規格協会
　（2013）.
2) 中村　洋監修、「ちょっと詳しい液クロのコツ　分離編」、pp.66-85, 丸善
　（2007）.
3) 中村　洋監修、「分析試料前処理ハンドブック」、pp.688-745, 丸善（2003）.

第 3 章
食品成分分析の実際

3.1　主要成分

3.1.1　水分

　水は生物にとって生命を維持する上で最も重要な物質の 1 つであり、生物体内では酵素反応、褐変反応、物性変化などの場を提供している。食品の構造は水によって保持されており、乾燥により水が失われると組織が崩壊する。野菜類（水分 85〜97 ％）では 5 ％、魚類（水分 65〜81 ％）と肉類（水分 50〜72 ％）では水分が 3 ％以上減少すると鮮度、品質が低下する。

　食品中で水は、自由水と結合水の 2 種の状態で存在する。自由水は食品中の成分に拘束されずに存在し、蒸発や氷結に関わる。一方、結合水は食品中の炭水化物やタンパク質の官能基に水素結合し、拘束されている。結合水では蒸発や氷結は起こり難く、物質を溶解する事も出来ない。従って、微生物の生育や酵素反応の場には利用されない。

　代表的な水分の分析法には、カールフィッシャー（Karl Fischer, KF）法と加熱乾燥法がある。KF 法は、水分そのものの化学反応による定量法である。加熱乾燥法は、試料を加熱する事により減少した質量（乾燥減量）を水分の定量値とするものである。

　加熱乾燥法は、精確に水分を定量するために、①水だけが揮発する事、②食品成分の化学変化が無い事、③水が完全に除去される事の 3 条件を満たす事が必要である。又、減圧加熱乾燥法と常圧加熱乾燥法があり、更にこれらの補完的な方法として乾燥助剤法とプラスチックフィルム法がある。その他にも、蒸留法、電気式水分計法、近赤外分光分析法、ガスクロマトグラフィー法、核磁気共鳴吸収法などが知られている。

(1) カールフィッシャー法

　食品中の水分の定量法としては加熱乾燥法ほど一般的な方法ではないが、油脂や砂糖など均質な試料では、少量の試料を溶媒に溶解出来る場合、非常に有効な手法である。

　二酸化硫黄、ピリジン、ヨウ素を混合したものから成るカールフィッシャー試薬は、メタノールの存在下で、式11及び式12のように水と定量的に反応して、ヨウ素を消費する。

$$SO_2 + C_5H_5N + CH_3OH \rightarrow [C_5H_5NH]^+CH_3SO_3^- \qquad (11)$$

$$[C_5H_5NH]^+CH_3SO_3^- + 2C_5H_5N + I_2 + H_2O$$
$$\rightarrow [C_5H_5NH]^+CH_3SO_4^- + 2[C_5H_5NH]^+I^- \qquad (12)$$

　KF法には、容量法（volumetry）と電量法（coulometry）の2種類の方法がある。電量法は、油脂の様に溶媒に良く溶け、低水分の食品には非常に有効であるが、一般的な食品には適用が難しい。ここでは、水分量が高い（約1％以上）試料や固体、ペースト状の試料にも適用可能な容量法について説明する。

　容量法では**図3-1-1**に示す様な自動ビュレットを用いる。予め滴定フラスコに入れた脱水メタノールをKF試薬で滴定して無水状態にした後、試料投入口より水を含む試料を投入する。力価（mgH_2O/mL）が標定されたKF試薬を用いて滴定を行い、その滴定量（mL）から試料中の水分量を求める。滴定の終点は、双白金電極を用いて過剰なI_2を定電流分極電位差法

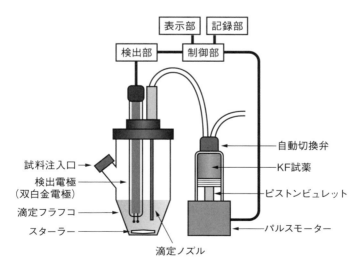

図3-1-1　容量法の滴定装置

で検出する。

　KF 法には加熱操作が無いため、熱分解や揮散によって測定値に影響を
与える化合物を含有する食品に適しているが、ヨウ素を消費するアスコル
ビン酸やアルデヒドなどの還元剤を含有する食品には適していない。

(2) 減圧加熱乾燥法

　減圧する事で食品成分の空気酸化や熱分解を最小限にしながら、乾燥温
度が 100 ℃以下でも試料中の水を完全に除く事が出来る、最も精確な標準
的な方法であり、多くの食品に適用出来る方法である。

　試料を秤量する容器には、一般的にアルミニウム製秤量皿（**図 3-1-2**）
が用いられるが、酸性の食品はアルミウム製秤量皿を侵すため、この様な
食品ではガラス製秤量びん（**図 3-1-3**）を用いる。但し、ガラス製秤量び
んは容器の質量が大きいため、測定の精確さに影響が有る事に注意する。

　予め恒量になった秤量容器（W_0 g）に適量の試料（通常 2〜3 g）を採取
し、0.1 mg まで秤量する（W_1 g）。常圧で所定の温度（概ね、熱によって
変化し易い食品は 60〜70 ℃、比較的安定な食品は 90〜100 ℃）に調節した
電気定温乾燥器に秤量容器の蓋をずらすか、緩めた状態で入れる。乾燥器
の扉を閉じ、真空ポンプを動作させて、所定の減圧度（5〜100 mmHg）に
おいて一定時間乾燥する。乾燥温度及び乾燥時間は**表 3-1-1** の条件を参考
にして設定する。真空ポンプを止め、乾燥空気を送って常圧に戻し、蓋を

上部直径約 55 mm、底部直径約 50 mm、深さ約 25
mm、厚さ 0.2 mm〜0.3 mm、蓋の深さ約 10 mm、
そのうち約 5 mm 位が容器に嵌る様になっている

図 3-1-2　アルミニウム製秤量皿

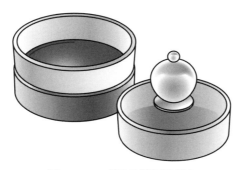

図 3-1-3　ガラス製秤量びん

して秤量容器を取り出し、デシケーター中で放冷後、秤量（W_2 g）する。恒量になる迄乾燥する様に定められている場合は、減圧、乾燥、放冷、秤量を繰り返し、恒量値（W_3 g）を得る。恒量値を得た後、式 13 により水分を計算する。

$$試料中の水分(g/100\,g) = \frac{W_1 - W_2(又は\,W_3)}{W_1 - W_0} \times 100 \qquad (13)$$

加熱乾燥法では、試料に水分以外の揮発成分（アルコール類、酢酸等の揮発酸）が含まれると、これら成分が水分の測定値に測り込まれるため、これら成分の量を別途測定し、水分の測定値から差し引く必要がある。栄養成分分析では、水分の測定値の誤差が、炭水化物（差引き法）やエネルギーの値に影響を与えるため、精確な水分測定が求められる。

(3) 常圧加熱乾燥法

迅速定量を目的とした実用的な方法であるが、食品成分が熱に安定な試料に限られる。主に、穀類、種実類などの粉末状のもの、比較的水分量の少ない食品に適用される。減圧加熱乾燥法による定量値と殆ど一致する様な加熱温度、加熱時間が設定されている（表 3-1-1）。

予め恒量になった秤量容器に適量の試料（通常 2〜3 g）を素早く採取した後、蓋をして 0.1 mg まで秤量する。所定の温度（概ね、100〜135℃）に調節した電気定温乾燥器に秤量容器の蓋を取った状態で入れる。乾燥器

表 3-1-1　加熱乾燥法の条件設定例[1]

食品群	乾燥条件
穀粒、乾めん、せんべい類	常圧、135℃、3 時間
穀粉（小麦粉、そば粉等）、でんぷん類	常圧、135℃、1〜2 時間
めし、生めん、ゆでめん	常圧、135℃、2 時間
パン類（菓子パン等異種材料を多く含むものを除く）	常圧、135℃、1 時間
いも類	常圧、100℃、5 時間
切干しいも、乾燥マッシュポテト	常圧、105℃、3 時間
大豆及び油の多い豆類（全粒）	常圧、130℃、3 時間
その他の豆類	常圧、135℃、3 時間
きな粉、脱脂大豆、凍豆腐	常圧、130℃、1 時間
煮豆	減圧、100℃、5 時間
油あげ、豆腐、納豆	常圧、100℃、5 時間
みそ	減圧、70℃、5 時間
精製糖	常圧、105℃、3 時間
液状糖、転化糖	減圧、100℃、2〜3 時間
糖みつ	減圧、90℃、3 時間
油脂	常圧、105℃、1 時間
種実（乾燥品、ロースト品）	常圧、130℃、1 時間
くり、ぎんなん	常圧、130℃、2 時間
魚介類及びその加工品	常圧、105℃、5 時間
獣、鳥、鯨肉及びその加工品	常圧、135℃、2 時間
卵	減圧、100℃、5 時間
液状乳、クリーム、アイスクリーム	常圧、98〜100℃、3 時間
発酵乳、乳酸菌飲料	減圧、100℃、4 時間
粉乳、練乳	常圧、98〜100℃、3〜4 時間
チーズ	常圧、105℃、5 時間
野菜、果実及びその加工品	減圧、70℃、5 時間
きのこ、海藻	常圧、105℃、5 時間
甘酒、酒粕	減圧、70℃、5 時間
茶	常圧、98〜100℃、5 時間
コーヒー豆、ココア	常圧、105℃、5 時間
しょうゆ、ソース、乾燥スープ等調味料	減圧、70℃、5 時間
生・半生菓子	常圧、105℃、5 時間
洋菓子	減圧、70℃、5 時間

※原材料等を考慮し最適な乾燥条件を設定する。試料の変色、焦げ等が発生する場合、乾燥条件を変更する。

の扉を閉じ、一定時間乾燥する。乾燥温度及び乾燥時間は表3-1-1の条件を参考にして設定する。定められた時間乾燥後、乾燥器中で素早く蓋をして秤量容器を取り出し、デシケーター中で放冷後、秤量する。恒量になる迄乾燥する様に定められている場合は、乾燥、放冷、秤量を繰り返し、恒量値を得る。

3.1.2　タンパク質

　食品成分としてのタンパク質を測定する場合は、栄養源としてその存在量を把握する意味合いが強い。哺乳類のタンパク質は20種のアミノ酸から構成されており、各アミノ酸は構造中にアミノ基を有している事から、アミノ基を構成する窒素を定量する事でタンパク質の量を推定する方法が主流である。一方、タンパク質を加水分解し、アミノ酸量を定量する事でタンパク量を算出する方法もあり、日本食品標準成分表では、両者の数値が併記されている（**図3-1-4**）[1]。

　窒素量を測定する方法としては、試料を硫酸で分解するケルダール法と

食品番号	索引番号	食品名	廃棄率	エネルギー		水分	たんぱく質	アミノ酸組成によるたんぱく質	脂質	トリアシルグリセロール当量	脂　飽和
			%	kcal	kj	(					g)
		そば									
		そば粉									
01122	135	全層粉	0	361	1510	13.5	12.0	10.0	3.1	2.9	0.60
01123	136	内層粉	0	359	1502	14.0	6.0	-	1.6	(1.5)	(0.31)

図3-1-4　日本食品標準成分表：タンパク質の表示例

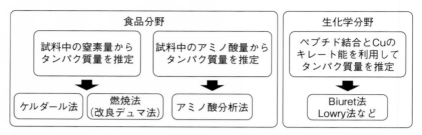

図 3-1-5　総タンパク質の定量法

燃焼により分解する燃焼法の 2 つの方法がある。以下、その概要を紹介する。アミノ酸分析法は、3.2.2 項で紹介する。

　なお、同じ総タンパク量を測定する事を目的としていても、生化学の分野では、Biuret 法や Lowry 法など銅イオンとペプチドのキレートに基づく定量法が汎用されている（**図 3-1-5**）[2]。研究分野によって、異なる原理の分析方法が用いられている事は大変興味深い。

（1）窒素量からタンパク質量の推定方法

　タンパク質中の窒素含量は凡そ 16 ％（1/6.25）である事から、窒素量×6.25 でタンパク質を換算する。食品表示基準　別添では、食品ごとに窒素－タンパク質換算係数（**表 3-1-2**）を規定しているが、記載がない食品は 6.25 を換算係数として使用する事になっている。又、最新の日本食品標準成分表の数値を使う事も認められている。

　食品中の窒素源は必ずしもタンパク質だけではないため、核酸を多く含む白子などの食品や大豆レシチンなどを含む食品では注意が必要である。葉菜類や根菜類に多く含まれる硝酸態窒化合物や茶やコーヒーに含まれるカフェイン類などは別途定量し、その量を差し引く必要がある[3]。

（2）マクロ改良ケルダール法

　ケルダール法は試料を硫酸で加熱して、窒素化合物をアンモニアに分解し、その量を滴定で求める事で窒素量を測定する方法である。食品試料は不均一で多種多様な成分をもつ事が多いために、食品分析においては均一

表 3-1-2　窒素タンパク質換算係数[3]

食品名	換算係数
アーモンド	5.18
アマランサス、ナッツ類、（アーモンド、ブラジルナッツ、らっかせいを除く。）、種実類（あさ、えごま、かぼちゃ、けし、ごま、すいか、はす、ひし、ひまわり）	5.30
ブラジルナッツ、らっかせい	5.46
ふかひれ、ゼラチン、腱（うし）、豚足、軟骨（ぶた、にわとり）	5.55
小麦粉、フランスパン、うどん・そうめん類、中華めん類、マカロニ・スパゲティ類、ふ類、小麦たんぱく、ぎょうざの皮、しゅうまいの皮	5.70
大豆、大豆製品（豆腐竹輪を除く。）、えだまめ、大豆もやし、しょうゆ類、みそ類	5.71
小麦（はいが）	5.80
オートミール、おおむぎ、小麦（玄穀、全粒粉）、ライ麦	5.83
米、米製品（赤飯を除く。）	5.95
乳、乳製品、バター類、マーガリン類	6.38

（上記以外の食品については窒素、タンパク質換算係数として 6.25 を用いる）

　化が精度確保の重要なポイントとなる。それでも完全に均一にする事は難しいため、日本食品標準成分表では 0.5〜2 g 程度と多めの試料を用いる「マクロ改良ケルダール法」が用いられている。

　試料をケルダールフラスコに入れ、分解促進剤 10 g（硝酸カリウム、硫酸銅）と濃硫酸 25 mL と沸騰石を入れて穏やかに振り交ぜながら、分解用加熱装置で加熱する。酸性ガスが大量に発生するが、やがて内容物が透明になる。そこから更に 60 分加熱する（分解工程）。冷却後、イオン交換水 150〜200 mL を加え、少量の砂状亜鉛と中和用の水酸化ナトリウムを加えて、アンモニア蒸留装置に接続する。4 ％ホウ酸溶液で加熱蒸留した留液を捕集する（蒸留工程）。その後、0.05 mol/L の硫酸標準溶液で滴定し、窒素量を算出する（滴定工程）。なお、測定に際しては、同量のショ糖を用いて空試験を行い、測定値を補正する[4]。

(3) サリチル酸添加-マクロ改良ケルダール法

　ケルダール法では硝酸態の窒素を定量的にアンモニアに分解出来ない事

111

から、葉菜類や根菜類など硝酸態窒化合物を多く含む食品についてはサリチル酸添加-マクロ改良ケルダール法を用いる必要がある。乾燥させた試料 2 g に対してサリチル酸硫酸溶液 30～40 mL を加えて硝酸態窒化合物と反応させ、サリチル酸をニトロ化する。その後、チオ硫酸ナトリウム、又は粉末亜鉛を加えて加熱し、ニトロ基をアミノ基へ還元する。その後は、マクロ改良ケルダール法に従って操作を行う。硝酸態窒化合物は、LC やイオンクロマトグラフィー（ion chromatography, IC）を用いて硝酸イオンとして定量して補正を行う[4]。

（4）燃焼法（改良デュマ法）

　試料を純度 99.9 ％以上の酸素中で熱分解して窒素成分を酸化する。その後、窒素ガスに還元して熱伝導度検出器で定量する手法である。均一化以外に特別な前処理不要で、廃液処理なども無い事から、ケルダール法よりも簡便に測定が行う事が出来る。1 g 程度の試料を測定出来る装置が開発された事から、食品分析での用途が広がった。エチレンジアミン 4 酢酸（EDTA）や DL-アスパラギン酸など、純度が高く窒素率が分かっている化合物を用いて検量線を作成して、窒素量を定量する[5]。

　食品表示基準　別添[3]において、窒素定量換算法としてケルダール法と燃焼法が併記された事から、前処理が容易で廃液処理の無い燃焼法の利用が増えて行くものと思われる。

3.1.3　脂質

　脂質は、水に不溶で、ジエチルエーテル、石油エーテル、クロロホルム、メタノールなどの有機溶媒に溶け易い性質をもつ有機化合物の事を言う。又、単純脂質、複合脂質、誘導脂質、その他の脂質に大別される。単純脂質は脂肪酸とアルコールがエステル結合したもの、複合脂質は脂肪酸、アルコールの他に、リン酸、糖などが結合したもの、誘導脂質は主として単純脂質から誘導されて出来るもの、その他の脂質は単純脂質、複合脂質以外の脂溶性成分を言う。

　脂質の分析法には、エーテル抽出法、クロロホルム・メタノール混液抽出法、酸分解法、レーゼゴットリーブ法、酸・アンモニア分解法、ゲルベル法、液液抽出法、計算法などが有り、食品の形態や食品中の脂質の状態などに応じて、最適な分析法を選択する。

(1) エーテル抽出法 (ソックスレー法)

　魚介類、肉類、みそ類、納豆類、ジャム、果実類、マヨネーズ、ドレッシングなどの組織成分と結合している脂質が少なく、乾燥時に粉末、或いは容易に粉砕する事が出来る状態にある食品にはソックスレー抽出器（Soxhlet extractor）（**図3-1-6**）を用いたエーテル抽出法が適用される。エーテル抽出法では、食品に含まれる水分が多いと抽出溶媒による脂質の抽出が不十分になるため、事前に水分を或る程度蒸発させておく必要がある。

　みそ類や納豆類の場合、ジエチルエーテルで抽出する際、試料に含まれる糖や他の低分子成分が脂質を包み込んでしまい抽出効率が低下するため、予め試料を熱水で洗浄し、これら阻害成分を除去しておく。ジャム、果実

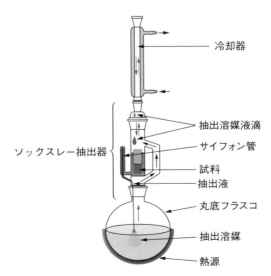

図3-1-6　ソックスレー抽出器

類などの脂質量が比較的少なく、あめ状やゼリー状で粉末に成り難い食品、多量の糖及び有機酸を含む食品の場合、試料を温湯に溶解した後、硫酸銅溶液と水酸化ナトリウム溶液を加えて、脂質を沈殿物（水酸化銅、タンパク質及び脂質の混合物）として分離し、乾燥させておく。

　上記以外の食品の場合、試料に珪藻土又は硫酸ナトリウムを添加し、良くかき混ぜて、電気乾燥器で乾燥させておく。

　乾燥させた試料を必要に応じて乳鉢中で粉砕した後、円筒ろ紙に移し、これをソックスレー抽出器に設置する。ジエチルエーテルの滴下量

　が約 80 滴/分になる様に、熱源の温度を設定（40～45℃）し、8 時間から 16 時間、抽出する。ロータリーエバポレーターでジエチルエーテルを留去した後、約 100℃で乾燥させ、デシケーター内で放冷する。恒量になる迄乾燥を繰り返し、脂質を秤量する。

(2)　クロロホルム・メタノール混液抽出法

　大豆、大豆製品（みそ、納豆は除く）、卵類などのリン脂質など極性脂質を含む食品にはクロロホルム・メタノール混液抽出法が適用される。この方法は、クロロホルムの脂質に対する溶解力の高さとメタノールの組織への浸透性の高さから、複合脂質を含む多くの脂質に対して定量性が高い方法である。

　なお、クロロホルムはヒトに対して発癌性を示す可能性（IARC グループ 2B）が有る特別管理物質（特定化学物質の第 2 類物質の特別有機溶剤等）であるため、その使用に当たっては保護具を着用する、局所排気、全体換気を行うなど十分な安全衛生上の配慮が必要である。

　乾燥試料の場合、水を加え、必要に応じて加温して膨潤させておく。高含水試料の場合、珪藻土を加え、全体の水分量を調整しておく。水分調整した試料をフラスコに量り、クロロホルム・メタノール（2：1）混液を加え、還流冷却器を接続した後、65℃、1 時間、抽出する。抽出液をろ過し、粘性が見られる状態になる迄エバポレーターで溶媒を留去した後、石油エーテル及び硫酸ナトリウムを加えて振盪する。上澄み液を分取し、石油エーテルを留去した後、恒量になる迄乾燥を繰り返し、脂質を秤量する。

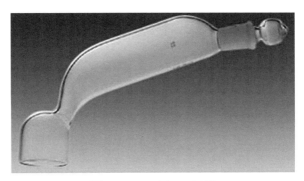

図 3-1-7　マジョニア管

(3) 酸分解法

　調理加工食品全般、穀類、パン、マカロニ類、いも、でんぷん類、脂質含有量の少ない種実類、豆類、野菜類、卵類、きのこ類、藻類などの組織に結合、抱合されている脂質を多く含む食品には酸分解法が適用される。酸分解法は、試料中のタンパク質やデンプンなどを酸性下で加水分解して脂質を遊離状態にし、ジエチルエーテル及び石油エーテルにより抽出する方法である。

　試料に塩酸を加え、70〜80℃、30〜40分、時々かき混ぜながら酸分解を行う。塩酸を加えた時に試料が塊状になる場合は、予めエタノールを適量加える。分解液をマジョニア管（Mojonnier Tube）（**図 3-1-7**）に移し、ジエチルエーテル及び石油エーテルで脂質を抽出する。水層に残った脂質をジエチルエーテル・石油エーテル（1：1）混液で抽出した後、必要に応じて有機層の水洗及びろ過を行う。有機相を留去した後、恒量になる迄乾燥を繰り返し、脂質を秤量する。

(4) レーゼゴットリーブ（Roese Gottlieb）法

　乳及び乳製品全般、アイスクリーム類などの乳脂肪を含む食品及び比較的脂質含量の高い液状、又は乳状の食品にはレーゼゴットリーブ法が適用される。レーゼゴットリーブ法は、乳由来の脂肪球（脂質）を保護している脂肪球膜をアンモニアにより破壊・分散させ、遊離した脂質をジエチル

エーテル及び石油エーテルにより抽出する方法である。アイスクリーム類、チーズ類の規格試験においては、乳等省令「乳および乳製品の成分規格等に関する省令（厚生省令第 52 号）」に従う。

　試料をマジョニア管に量り、温湯を加え、よく撹拌して溶解させる。アンモニア水及びエタノールを加え、60℃、30〜60 分、分解を行う。ジエチルエーテル及び石油エーテルで脂質を抽出する。水層に残った脂質をジエチルエーテル及び石油エーテルで抽出する。有機層を留去した後、恒量になる迄乾燥を繰り返し、脂質を秤量する。

(5) 酸・アンモニア分解法

　チーズ類には酸・アンモニア分解法が適用される。酸・アンモニア分解法は、脂肪球を保護している脂肪球膜をアンモニアにより破壊・分散させた後、試料中のタンパク質やデンプンなどを酸性下で加水分解し、遊離した脂質をジエチルエーテル及び石油エーテルにより抽出する方法である。

　試料に水及びアンモニア水を加えて混和し、均一な乳濁液とした後、加温する。塩酸を加え、5 分、煮沸した後、分解液をマジョニア管に移し、レーゼゴットリーブ法と同様に操作し、脂質を秤量する。

(6) ゲルベル（Gerber）法

　牛乳、脱脂乳、加工乳などにはゲルベル法が適用される。

　乳脂計（butyrometer）（**図 3-1-8**）に硫酸 10 mL（容量 10 mL の硫酸用ピペットを用いる）、試料 11 mL（容量 11 mL の牛乳用ピペットを用いる）及びアミルアルコール 1 mL を入れ、しっかりとゴム栓をする。混和して試料を溶解し、65℃の湯煎で 15 分間、加温する。ゲルベル遠心機で遠心分離し、再度、65℃の湯煎で 5 分間、加温した後、脂肪柱を読み取る。この読みは脂質（乳及び乳製品の成分規格等に関する省令（昭和26年厚生省令第52号）における乳脂肪分）の質量％（g/100 g）を示す。

(7) 液液抽出法

　醤油、食酢（醸造）、つゆ等の液体試料は蒸発乾固させる事が容易では

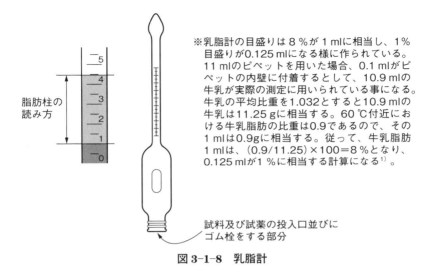

脂肪柱の
読み方

※乳脂計の目盛りは8％が1mlに相当し、1%
目盛りが0.125mlになる様に作られている。
11mlのピペットを用いた場合、0.1mlがピ
ペットの内壁に付着するとして、10.9mlの
牛乳が実際の測定に用いられている事になる。
牛乳の平均比重を1.032とすると10.9mlの
牛乳は11.25gに相当する。60℃付近にお
ける牛乳脂肪の比重は0.9であるから、その
1mlは0.9gに相当する。従って、牛乳脂肪
1mlは、（0.9/11.25）×100＝8％となり、
0.125mlが1％に相当する計算になる[1]。

試料及び試薬の投入口並びに
ゴム栓をする部分

図 3-1-8　乳脂計

ないため、試料から直接、ジエチルエーテルなどを用いて脂質を抽出する
液液抽出法が適用される。水溶性の低分子化合物や有機酸の塩類などもジ
エチルエーテルに溶解するので、十分に水洗してこれらを取り除く必要が
ある。

3.1.4　炭水化物

　炭水化物は生体内でエネルギー源としての役割が重要な栄養成分である。
一般的食品の主要な構成成分にはでん粉などの多糖類、ブドウ糖など単糖
類及びしょ糖など二糖類を含む利用可能炭水化物（available
carbohydrate）がある。又、近年注目されている食物繊維も炭水化物の構
成成分である。その他、食品種により含有量は様々であるが、ソルビトー
ルなどの糖アルコールも炭水化物に含まれる。

(1) 差引き法
　炭水化物の分析では定義分析法として国内外で長年慣例的に差引き法が

用いられてきた。

　「日本食品標準成分表 2015 年版（七訂）」（以下「成分表」とする）では
水分、タンパク質、脂質、灰分などの合計値（g）を 100 g（全体）から差
引いた値を炭水化物としている（**図 3-1-9**）。

　「その他成分」に該当する成分、主に対象となる食品種は**表 3-1-3** の通
りである。

> 炭水化物 =
> 100 g －（水分 + タンパク質 + 脂質 + 灰分 + その他成分）g

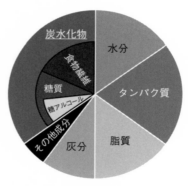

図 3-1-9　食品構成成分の概念

表 3-1-3　炭水化物から差引くその他成分

成分	主な食品種
硝酸イオン	野菜類（葉菜類）
アルコール分	アルコール飲料
酢酸	調味料類
タンニン	茶類、コーヒー類
カフェイン	茶類、コーヒー類、ココア類
テオブロミン	チョコレート類、ココア類
ポリフェノール	ココア類

　これらの成分は水分、タンパク質、脂質、灰分の範疇には入らない成分であり、栄養学的、化学構造的にも炭水化物と定義されない成分であるため、表に挙げた食品種など、相当量を含有する場合はこれらも含めて差引く場合がある。

　「食品表示基準（平成 27 年内閣府令第 10 号）」でも炭水化物が栄養成分として定義され、差引き法が示されている。具体的には通知文書である「食品表示基準について（平成 27 年消食表第 139 号）」の別添「栄養成分等の分析方法等」に収載されている。基本的な考え方は成分表と同様である。

(2) アンスロン‒硫酸法

　魚介類、肉類及び卵類などの動物性食品は炭水化物に該当する成分含量が一般的に微量であるため、差引き法で算出することは適当でない場合が多い。成分表では全糖を直接測定し、炭水化物とする方法も採用されている。

①抽出

　試料（5 g 程度）をホモジナイザーカップに採取し、氷水で冷却した 10 ％（W/V）トリクロロ酢酸溶液を試料の 2 倍量加えてホモジナイズする。遠心管に移し、使用したホモジナイザーのカップ及び刃を 5 ％（W/V）トリクロロ酢酸溶液 20 mL 程度で洗浄し、遠心管に集める。遠心分離した後に上清を 200 mL メスフラスコに集め、沈殿物には試料の 4 倍量の 5 ％（W/V）トリクロロ酢酸溶液を加え、上記抽出操作を 2 回繰り返す。上清を集めて試験溶液とする。

②発色・吸光度測定

　0.2 ％（W/V）アンスロン溶液を試験管に 10 mL 採取し、氷水で冷却しておく。試料溶液 1 mL を静かに加え、試験管のアンスロン溶液に層状に重ねる。直後に激しく振とうし、水浴中で 10 分間加熱後冷却し、620 nm で吸光度を測定する。ブドウ糖を標準として同様の操作で検量線を作成し、全糖をブドウ糖濃度として測定する。

(3) 炭水化物の新たな考え方

　先に述べた通り、現在の炭水化物の考え方は差引き法が主流である。しかし、成分表では七訂の改訂時に「炭水化物成分表」が新たに公表され、従来からの差引き法による炭水化物ではなく、炭水化物を構成している成分である利用可能炭水化物や糖アルコール及び有機酸などを個別に評価し、成分値を収載している。

　国際連合食糧農業機関（FAO）では、2003 年に公表した技術ワークショップ報告書において、炭水化物の成分量の算出に当たっては利用可能炭水化物と食物繊維とを直接分析して求めることを推奨していることを受け、日本国内でも国際整合性に配慮するために新たな概念として取り入れられたことによる。

3.1.5　食物繊維

　近年、食物繊維の生理的有用性が注目され、食品中の食物繊維量を把握することが重要となってきている。一方、食物繊維とは単一の物質ではなく、定義に基づいた様々な物質の総称であり、分析方法はその定義に基づき特定の分析方法が定められている。従って、食物繊維分析ではどの分析方法を用いるかが重要で、いわゆる公定法に従い分析を行うことが求められる。

　国際的な食物繊維の定義は、国際食品規格委員会（Codex Alimentarius Commission：CAC）により「ヒトの小腸において消化されない重合度 10 以上の炭水化物の重合体であり、重合度 3〜9 に関しては各国の判断に委ねる。」とされている。CAC ではこの定義に基づき、Codex Stan 234-1999[1] において食物繊維分析の Type I（Defining Methods）として AOAC 法などの複数の分析方法を示している。一方、国内で採用されている主要な分析方法は、加工食品などの栄養成分表示に用いられる「食品表示基準（平成 27 内閣府令第 10 号）」で規定された方法[2]（表示法）及び日本食品標準成分表における「日本食品標準成分表 2015 年版（七訂）分析マニュアル」（成分表法）[3] である。表示法では、プロスキー法（酵素-重量法）と高

表 3-1-4　各画分における代表的な食物繊維成分・素材

食物繊維画分	測定対象食物繊維成分・素材例
不溶性食物繊維	セルロース、ヘミセルロース、リグニン、寒天など
高分子水溶性食物繊維	ペクチン、アルギン酸、グルコマンナンなど
低分子水溶性食物繊維	ポリデキストロース、難消化性オリゴ糖など

速液体クロマトグラフ法（酵素–HPLC 法）が、成分表法ではプロスキー変法が採用されている（日本食品標準成分表 2015 年版（七訂）追補 2018 年から、AOAC 2011.25 法も採用されている）。

　実際の分析において、食物繊維は大きく①水に不溶な不溶性食物繊維、②水には可溶だが約 80 ％エタノールに不溶な高分子水溶性食物繊維及び③水、80 ％エタノールに可溶な低分子水溶性食物繊維の 3 つの画分に分けられる。各食物繊維画分における代表的な食物繊維成分・素材について、**表 3-1-4** にまとめた。なお、食物繊維分析は用いる分析方法によって測定可能な食物繊維画分が異なるため、目的に応じ分析方法を選択する必要がある。ただし、現在まで食物繊維成分・素材毎に分別定量できる方法は存在しない。

　本稿では、現在、表示法として日本において広く用いられている酵素–重量法、及び酵素–HPLC 法の 2 方法について概説する。

(1) 酵素–重量法（プロスキー法及びプロスキー変法）

　酵素–重量法は、分析法フローシートに示した通り、①疑似消化を想定して規定された酵素により、でん粉やタンパク質などの消化性高分子成分を分解し低分子化させる。②規定量のエタノールを加え高分子水溶性画分を沈殿させる。③その沈殿物をろ過により回収し、質量を測定し、食物繊維とする。という 3 段階の操作で重量分析を行う。ただし、食物繊維の定義では「難消化性のタンパク質」及び「ミネラル」は食物繊維としないため、これらは別途測定し差し引くこととなる。プロスキー法における測定対象物質は、セルロース、ヘミセルロース、リグニン、ペクチン、ガム質などであり、得られる定量値は不溶性食物繊維と高分子水溶性食物繊維の

総量である。又、「日本食品標準成分表 2015 年版（七訂）追補 2017 年」まで広く用いられてきたプロスキー変法は、基本的操作・原理はプロスキー法と同じであるが、不溶性食物繊維と高分子水溶性食物繊維を分別定量できるように改良された方法である。以下に分析方法の詳細を解説する。

①試料調製

　試料に適した調製器具を選択し均質化する。酵素-重量法では試料の粒度が定量値に影響するため、既定の粒度以下（食品表示基準では 2 mm（10 メッシュ）以下）になるように均質化する。穀類、豆類及び種実類など、水分が少ない試料では、ミルサーなどで粉末・均質化し、葉物野菜やきのこ類など水分が多く、そのままでは均質化が困難な試料では、凍結乾燥処理など水分を乾燥させた後、均質化する。又、脂質が多い試料（おおよそ 10 ％以上）においては、石油エーテル又はジエチルエーテルを用い、予め脱脂処理を行う。乾燥や脱脂の処理を行う際には、処理前後の質量を測定し、定量値を補正する必要がある。

②酵素反応

　タンパク質測定用及び灰分測定用として 2 つの試料を量り、それぞれリン酸緩衝液及び耐熱性 α-アミラーゼ溶液を加え沸騰水浴中で 30 分間酵素処理を行う。その後、プロテアーゼ、アミログルコシダーゼの順に酵素溶液を加えて、それぞれ至適 pH に調製後、60 ℃の恒温水槽で 30 分間酵素処理を行う。なお、この 3 種の酵素には定量値に影響を及ぼすブランク値を含むため、必ずブランク試験を実施し、定量値からブランク値を差し引く必要がある。

　又、本法で用いる酵素は製品によって、大麦やえん麦などに含まれる β グルカンを分解する酵素が含まれることがある。従って、使用する酵素が試料中の食物繊維の測定に適しているか、ロットが変更になった場合など定期的に酵素の性能確認試験を実施する必要がある。その性能確認試験の手法は AOAC 985.29 法中に、6 種のテストサンプルを試験する手法が紹介されている（**表 3-1-5** 参照）。

③エタノール沈殿操作及びろ過操作

　②で得られた酵素反応液に予め 60 ℃に加温した 4 倍量に相当するエタノ

表 3-1-5 酵素性能確認のためのテストサンプル

テストサンプル	確認する活性	確認採取量（g）	期待される回収率（%）
Citrus pectin	Pectinase	0.1	95–100
Stractan（lanch gum）	Hemicellulase	0.1	95–100
Wheat starch	Amylase	1.0	0–1
Corn starch	Amylase	1.0	0–2
Casein	Protease	0.3	0–2
β-Glucan	β-Glucanase	0.1	95–100

ールを加え、室温で60分間放置させ、高分子水溶性食物繊維を沈殿させる。これを、予め珪藻土を均一に敷きつめ、質量を測定したるつぼ型ガラスろ過器でろ過し、残留物を得る。これを乾燥させ、残留物を含むろ過器の質量を測定し、残留物の質量を得る。

④タンパク質測定及び灰分測定

　先述の通り、食物繊維の定義では、タンパク質及び無機物は含まないため、③で得られた残留物中のタンパク質と灰分をそれぞれ測定し、差し引いたものを食物繊維量とする。

　なおタンパク質は、窒素定量換算法で得られた窒素量に対し、食品の種類に依らず、一律に6.25のタンパク質換算係数を乗じて算出する。又、灰分は525℃で5時間灰化する直接灰化法により求める。

⑤注意点

a. 試料にカルシウムが多く含まれる場合

　例えばマルチミネラル錠などカルシウムを多く含む食品に対しては、リン酸緩衝液を用いた酵素処理では、リン酸カルシウムの沈殿が形成され、正しく灰分の補正ができない場合がある。その際には、緩衝液に MES-TRIS 緩衝液を使用する AOAC 991.43 法の酵素処理を行うと良い。

b. 試料にタンパク質以外の窒素含有成分（キチン、キトサン等）が含まれる場合

　上述の通り、窒素定量換算法により残留物中の窒素量を全てタンパク質として考え補正する。従って、酵素反応後の残留物中にタンパク質由来以外の窒素含有物質が含まれると、補正が正しく行われないため注意が必要

である。

(2) 酵素-HPLC 法

　日本では近年、ポリデキストロースや難消化性デキストリンなどの低分子水溶性食物繊維素材が多く開発され、これらは難消化性オリゴ糖類と共に食物繊維として定義されている。これらは表示推奨項目の一部を占める重要な成分となるものの、酵素-重量法では、酵素処理後のろ液中に含まれるため、測定対象とはなっていない。

　このような背景を踏まえ、酵素-HPLC 法は、酵素-重量法に高速液体クロマトグラフィー（HPLC）を用いて、低分子水溶性食物繊維を測定する工程を加えた方法である（**図 3-1-10**）。

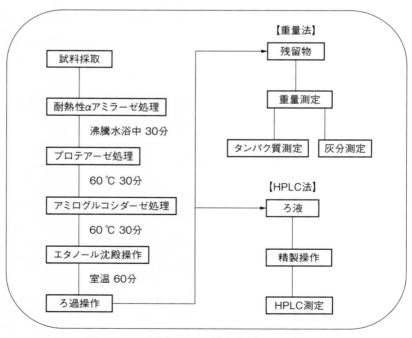

図 3-1-10　酵素-HPLC 法の分析フローシート

①精製及び HPLC 測定

酵素-重量法により得られたろ液に対し、イオン交換樹脂を用い精製し、ゲルろ過系又は配位子交換系の分析カラムを用い分析する。得られたクロマトグラムにおいて、3糖であるマルトトリオースを指標とし、これと同じか前に溶出する画分を全て食物繊維画分とし、その画分の合計面積と内標準物質（予めグルコースとの感度比を求めておく）の面積比率からグルコース換算された食物繊維含量を定量する。

②注意点

食品表示基準では、試料に含有する難消化性糖質を個別で含有量表示する場合、酵素-HPLC法で得られた食物繊維画分の値から、別途、酵素処理後のろ液中の含有量表示する難消化性糖質を測定し、差し引いたものを食物繊維量とする必要がある。

3.1.6 　無機成分

食品中の栄養素として不可欠な16種類の無機成分を必須ミネラルといい、摂取量により多量ミネラルと微量ミネラルに大別される。

本項では、そのうち、厚生労働省「日本人の食事摂取基準（2015年版）」で摂取量の基準が策定され、「食品表示基準（平成27年内閣府令第10号）」で栄養成分表示の方法が規定されている5種類の多量ミネラル及び8種類の微量ミネラル（**表3-1-6**）について、機器分析による定量法を概説する。

ミネラルの分析は化学種別に行われることもあるが、一般には元素分析として行われる。すなわち結合状態にかかわらず、試料中の元素そのものが定量される。従って、例えばナトリウムを分析する場合、それが食塩に由来するのか、グルタミン酸ナトリウムなどの食品添加物に由来するのか、

表 3-1-6　ミネラルの分類

多量ミネラル	ナトリウム（Na）、カリウム（K）、カルシウム（Ca）、マグネシウム（Mg）、リン（P）
微量ミネラル	鉄（Fe）、亜鉛（Zn）、銅（Cu）、マンガン（Mn）、セレン（Se）、クロム（Cr）、モリブデン（Mo）、ヨウ素（I）

或いは天然由来なのかは区別されない。

　従前は反応試薬を用いる吸光光度法や溶媒抽出-原子吸光法などの煩雑な個別定量法が用いられ、現在も一部は公定法として採用されている。しかし測定装置の進歩により、特殊な場合を除いて、現在では安全かつ簡便な前処理で多成分を同時に分析できる方法が主流となっている。

　食品中のミネラル分析は大きく①試料の調製、②試料溶液の調製及び③機器による測定の 3 工程に分けられる。②及び③については、試料の性質や分析種に応じて最適な組合せが選択される[1)2)]。

(1) 試料の調製

　試料部位全体を代表した十分に均質な試料を調製する。有機化合物が成分変化を起こしやすいのに対し、ミネラルは試料中で比較的安定である。しかし、分析試料中に偏在することが多いので、均質化には特に注意しなくてはならない。粉砕後も偏在している可能性があるので、試料は全量回収することが望ましい。食塩が添加された乾燥食品などの場合は調製器具による均質化に限界があるので、加水処理が必要となる場合もある。又、調製器具の材質に由来する汚染にも注意を要する。ホウケイ酸ガラスからはアルカリ金属、ステンレス鋼からは鉄やクロムが溶出する可能性がある。クロムの極微量分析の場合は未粉砕が望ましいが、どうしても必要な場合はガラス製容器並びにセラミック若しくはチタンコートの刃を用いる。

(2) 試料溶液の調製

　分析種を抽出したり、試料中の有機物を分解除去したりし、機器による測定に適した試料溶液を調製する工程である。試料の性質、分析種、測定濃度及び測定機器に応じ、①塩酸抽出法②乾式灰化法③マイクロ波分解法④テトラメチルアンモニウムヒドロキシド（TMAH）抽出法を使い分ける。各方法の分析フローシートを**図 3-1-11** に示す。

①塩酸抽出法（Na 及び K の標準的な方法）

　希塩酸で分析種を試料から直接抽出する方法である。分析種が水に溶解しやすい元素に限定されること、又有機物を分解せず、ろ別のみで測定す

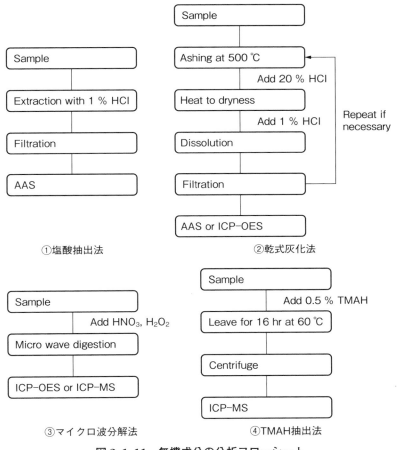

①塩酸抽出法　　　　　　②乾式灰化法

③マイクロ波分解法　　　④TMAH抽出法

図 3-1-11　無機成分の分析フローシート

ることから、本書の範囲ではナトリウム及びカリウムの原子吸光法にのみ
適用できる。脂質が多いなど、疎水性の高い試料は溶媒が浸透せず、分析
種を十分に抽出できないので、②乾式灰化法を用いる。

　本法は密閉系で処理するため汚染が少なく、操作が簡便で回収率が高く、
一度に多数の試料を分析できる利点がある。一方、物理的にマトリックス
と完全に分離せずに測定するので、測定時に種々の干渉が起こる場合があ

る。また、試料の性質や試料量と溶媒量の比率によっては抽出不足となる可能性があり、注意を要する。

②乾式灰化法（Na、K、Ca、Mg、P、Fe、Zn、Cu 及び Mn の標準的な方法）

高温で有機物を分解し、残った灰中の分析種を酸に溶解する方法である（2.3.3 項参照）。灰化操作は原則として白色又は灰色の残さが得られるまで繰り返し行う必要があるが、リン、ケイ素、チタンなどの酸に不溶性の元素が多量に共存する場合は回収率が低下する可能性がある。従って、フッ化水素酸処理や③マイクロ波分解法が必要となる場合がある。

本法は試料量を上げる（固形分として最大 10 g 程度）ことで定量限界を下げられ、又測定時の干渉が小さい等の長所がある。一方で灰化中の分析種の揮散や不溶化、又開放系で操作することによる汚染の可能性がある。従って、操作や環境整備には熟練と細心の注意を要する。

③マイクロ波分解法（Se、Cr 及び Mo の標準的な方法）

PTFE 製の密閉耐圧分解容器中で試料に硝酸及び過酸化水素を加えてマイクロ波を照射し、有機物を分解する方法である。操作がやや煩雑だが、密閉系で処理するため汚染が少なく、回収率が比較的高い。一方で試料量を多くすることはできないので（固形分として 1 g 程度が限界）、高感度の ICP 質量分析（ICP-MS）法による測定に適している。

本法で微量の成分を分析する場合は、汚染を防ぐため、分解容器の洗浄、乾燥や保管には細心の注意を払う必要がある。又、高圧・高濃度の劇物を使用するので、安全のため、整備された環境で正しい操作で装置や分解容器を扱わなくてはならない。分解容器の劣化にも注意が必要である。

④ TMAH 抽出法（I の標準的な方法）

TMAH 溶液で分析種を試料から直接抽出する方法で、極微量のヨウ素を ICP-MS で測定するために開発された。密閉系で処理するため汚染が少なく、操作が簡便で回収率が高く、一度に多数の試料を分析できる。

ヨウ素は酸性溶液中では不安定なので、分析操作を常時アルカリ性下で行うことが望ましい。本法では強アルカリ性の有機化合物で測定時に検出器にダメージを与えにくい TMAH を用いている。TMAH は毒物及び劇物

取締法の指定毒物であるため、正しい取り扱いと管理を要する。

　TMAH 溶液は水性の溶媒であるため、魚類など脂溶性のヨウ素が多く含まれる試料は本法では分析できない。その場合はアルカリ灰化法[3]を用いる必要がある。

(3) 機器による測定

　(2) で調製した試料溶液について、試料溶液の性質、分析種及び濃度に応じ、①原子吸光法、② ICP 発光分析法、③ ICP-MS 法を使い分けて測定する。測定の際は予め試料溶液と同じ溶媒で調製した濃度既知の標準溶液で検量線を作成する。必要に応じ、試料を用いずに操作して得られた空試験の結果で測定値を補正する。

①原子吸光法（Na 及び K の標準的な方法）

　試料溶液中の分析種を高温により原子化し、元素固有の波長における吸光度を測定する方法である。原子化にはいくつかの方法があるが、ミネラル分析には精度の良いフレーム法が適している。汎用のアセチレン／空気フレームが使われることが多いが、原子化温度を上げるためにアセチレン／亜酸化窒素系を用いる場合もある。フレーム原子吸光法は装置の堅牢性が高く操作が簡便であり、日常的に単一の元素を多数測定する場合に向いている。測定対象の元素専用のホローカソードランプを光源とするため、基本的には個別定量である。しかし、近年は連続的にランプを切り替えることにより、1 回の測定で複数元素の測定が可能な装置も登場している。

　原子吸光法は共存物質の干渉を受けやすいので、セシウムやストロンチウム等の干渉抑制剤の添加が有効な場合がある。

② ICP 発光分析法（Ca、Mg、P、Fe、Zn、Cu 及び Mn の標準的な方法）

　アルゴンの誘導結合プラズマ（ICP）で原子を励起し、元素固有の波長における発光強度を測定する方法である。装置にはいくつかのタイプがあるが、ミネラルの多元素同時分析には精度が良く干渉の小さいラジアル測光のマルチ型装置が適している。

　食品分析においては低濃度の微量ミネラルを高濃度の多量ミネラルが共存する中で測定する場合が多いので、原子吸光法と同様に干渉には十分に

注意しなくてはならない。干渉を補正するため、イットリウムやベリリウムなどの内標準元素の使用が有効な場合がある。一般に ICP 発光分析法における測定波長は元素ごとに最も感度の高い波長が選ばれる。発光線には中性原子線とイオン線があるが、両者は挙動が異なるので、内標準は分析種に近い物性（イオン化エネルギーや原子線／イオン線など）をもち、かつ試料中に存在しない元素を選択する必要がある。

③ ICP 質量分析法（Cr、Se、Mo 及び I の標準的な方法）

ICP でイオン化した元素を四重極の質量分析計に導入し、元素固有の質量/電荷数（m/z）をもつイオンを測定する方法である。本法は極めて高感度で分離能も高いので、極微量成分の定量には不可欠である。

極微量測定における精確さを確保するため、通常、本法では内標準が用いられる。一般に内標準は分析種と物性（イオン化エネルギーや m/z）が近く、試料中に存在しない元素である必要があり、ミネラル分析ではガリウム、インジウム、テルルなどが用いられる。又、炭素源として一定量の酢酸を添加することで、増感を抑制して正確な測定を行うことができる[4]。

ICP–MS の測定では一般にヘリウムによるコリジョンセルを使用することで干渉を抑制できるが、その場合は感度が犠牲となる。ミネラル分析では分析種とマトリックスに応じて適切に使い分けることが肝要である。

3.1.7　灰分

灰分とは、一定条件下において試料を灰化した時に残留する灰の量である。すなわち食品ではタンパク質、脂質及び炭水化物などの有機物と水分が除かれて残った灰のことであり、無機成分（ミネラル）の総量を反映していると考えられている。しかし、灰分とミネラル塩（えん）の総量は必ずしも一致はしない。これは灰化により元の塩（えん）の形態が酸化物や炭酸塩に代わる場合があることや、一部、高温での灰化により揮散しやすい元素（イオウ、塩素、リンなど）の影響が考えられる。

食品中の灰分は塩（しお）として添加されている塩化ナトリウムやカルシウム（炭酸カルシウムなど）が占める割合が比較的高く、植物性食品の

場合は細胞液中に存在しているカリウムも多い。

　灰分は炭水化物の計算（差引き法）に必要であり、成分表や食品表示の試験法として示されている。

(1) 直接灰化法

　直接灰化法は 550〜600 ℃で試料を灰化し、有機物と水分を除去した後に質量を測定する方法である。

　予め恒量にした灰化容器（磁性るつぼ、磁性皿など）に適量の試料を量り採り、必要な前処理を行う。試料中の成分、性状より以下から選択する。

①予備乾燥

　水分含量が高い液状、ペースト状の試料はホットプレート、乾燥器などを用いて事前に乾燥する。

②予備灰化

　原則として全試料予備灰化を行う。これは事前に予備的に灰化（炭化）することにより電気炉中での灰化を促進する効果と灰化中の膨潤、飛散などによる試料の損失を防ぐためである。多水分系試料は①の予備乾燥後に行う。電熱器やホットプレートなどを用いて灰化温度を超えない程度の温度で容器底面から徐々に加熱して炭化する。菓子類など糖を高含有する試料はふくれて容器外へあふれ出る恐れがあるため、注意を要する。アッシュレスのろ紙を棒状にして、炭化物をつぶしても良いが、この場合、電気炉に入れる前に点火して燃焼しておく。

③予備燃焼

　油脂そのものや高含量試料（バター、ソフトカプセルなど）の場合、十分乾燥した後に試料を加熱し、点火して燃焼する。その際、アッシュレスのろ紙を芯として、ろうそくのように緩やかに燃焼させると良い。

④灰化

　①〜③の前処理を行った後、550〜600 ℃に設定した電気炉に入れ、白色又はこれに近い色になるまで灰化する（目安として 5〜6 時間程度）。灰化後、電気炉の温度を 200 ℃程度まで放冷し、灰化容器をデシケーターに移して室温まで冷却する。その後、容器の質量を測定する。再び電気炉に入

れ同様の操作（灰化、放冷、秤量）を繰り返し、恒量を求める。

⑤再灰化

④の灰化後に未灰化の炭化物が見られる場合は、灰に水を加えて溶かし、炭塊を露出させた後にホットプレートなどで再び乾燥し、電気炉で再度灰化する。炭塊をガラス棒などで潰すと灰化しやすい。

又、炭塊が多量にある場合は少量の熱水を加えたのち、よくかき混ぜて可溶物を抽出する。なるべく小さめのアッシュレスのろ紙を用いて傾斜法でろ過し、ろ紙上の残留物を灰化容器に戻して乾燥後、灰化する。灰化後の容器にろ液を戻し、ホットプレートなどで乾燥後、再度電気炉に入れて灰化する。

（2）酢酸マグネシウム添加灰化法

穀類などは一般に、陽イオンに対してリン酸が過剰に存在する。灰化の進行に伴い、リン酸がリン酸二水素カリウムの形に変化し、比較的低温で溶融する無機成分の組成となりやすい。よって未灰化の炭素が物理的に包含されてしまい、完全灰化が困難となることが多い。

本法は酢酸マグネシウムを添加し、リン酸イオンを中和してマグネシウム塩（リン酸マグネシウム）とすることにより、リンの溶融を防ぐ方法である。リン酸を多く含む試料に適用される方法で主に穀類（小麦粉）に適用されることが多い。

①酢酸マグネシウム溶液の作成

酢酸マグネシウム 15 g に水約 150 mL を加え、更に酢酸 2 mL を添加し、かき混ぜながら水浴上で加温して溶解する。これにメタノールを加えて 1 L に定容する。

②測定

予め恒量にした灰化容器（磁性るつぼ、磁性皿など）に試料約 3 g を量る。酢酸マグネシウム溶液 3 mL を試料全体にしみわたらせるように加える。約 5 分間放置した後、ホットプレートなどで加熱し、過剰なメタノールを揮発させる。予備灰化後、600 ℃に設定した電気炉で 3～4 時間灰化する。灰化後、直接灰化法同様、放冷し、秤量する。なお、空試験として酢

酸マグネシウム溶液 3 mL を別の灰化容器に採取して同様の操作を行い、差引いて計算する。

(3) 硫酸添加灰化法

カリウムなど陽イオンを過剰に含む試料では、直接灰化すると空気中の炭酸ガスと炭酸塩を形成し、正確な灰分値測定が阻害される。そこで、試料に対して、硫酸を添加することにより陽イオンを全て一定組成の硫酸塩にして定量する方法である。なお、食品の分析においては一般的に精製度の高い砂糖類（灰分含量がかなり低い）に用いられる方法であり、精製度の低い黒糖及び粗糖などに適用した場合は置換された硫酸イオンの分だけ過剰に評価されることになるので注意が必要である。ここで得られる灰分は炭酸イオンや塩化物イオンを硫酸イオンで置換した硫酸灰分であることを結果と合わせて表記する。

① 測定

予め恒量にした灰化容器（磁性るつぼ、磁性皿など）に 5〜30 g 程度の試料を量る。液状試料の場合は直接灰化法の予備乾燥の操作を行い、乾燥する。濃硫酸 0.5〜5 mL を静かに添加し全体にしみわたらせ、炭化膨潤させる。ホットプレートや電熱器で徐々に加熱し、炭化しつつ過剰な硫酸を揮発させる。550℃に設定した電気炉に入れて炭化物が確認できなくなるまで灰化する。冷却後、再び数滴の濃硫酸を添加し、800℃の電気炉で灰化する。灰化後、直接灰化法同様、放冷し秤量する。

(4) 灰化作業の注意事項

各試験法において予備乾燥、予備灰化などの作業は排煙装置のあるドラフトなどの設備内での実施が必須である。また、電熱器やホットプレートは高温であり、電気炉は 550℃以上での使用となり、更に高温である。作業時には耐熱手袋や防護メガネなどの防護措置を施す必要がある。

3.2　微量成分

3.2.1　ビタミン

　ビタミンは、生体の機能を正常に維持するために必須な栄養素であるが、生体内で合成されない、又は合成されても必要量を満たせないため、食事から摂取しなければならない有機化合物である。現在、FAO、WHO の合同食品規格委員会（CODEX）でビタミンと認められている栄養素は 13 種類あり、9 種の水溶性ビタミンと 4 種の脂溶性ビタミンに大きく分けられる。

　近年、健康志向や食品の機能性などに対する関心が高まっているため、健康・機能性食品を含め食品中のビタミンの含量を正確に分析することが求められている。ビタミンの分析手法には、主に高速液体クロマトグラフィー（HPLC 法）、微生物学的定量法、吸光光度法などがある。現在よく用いられている分析手法について**表 3-2-1** に示した。

　微量成分であるビタミンにおいては生体内での有効濃度範囲と主に生鮮食品中での含有量は異なるため、例えば、水溶性 B 群ビタミンのうち、B_1、B_2 以外の 6 成分については感度の優れた微生物学的定量法が用いられている。

　食品中のビタミン分析は大きく①試料調製、②試料溶液の調製及び③機器又は微生物による測定の 3 工程に分けられる。②については、検出感度や食品中の含有量並びに各ビタミンの特性を考慮した調製法により行い、③の工程において正確に定量する[1)2)]。

表 3-2-1　ビタミンの主要な分析手法

分類	成分名	分析手法
水溶性ビタミン	ビタミン B_1、B_2、C	HPLC 法
	ビタミン B_6、B_{12}、葉酸、ナイアシン、パントテン酸、ビオチン	微生物学的定量法（一部 HPLC 法）
脂溶性ビタミン	ビタミン A、D、E、K	HPLC 法

　ここでは、厚生労働省「日本人の食事摂取基準（2020 年版）」で摂取量の基準が策定され、「食品表示基準（平成 26 年内閣府令第 10 号）」で栄養成分表示の方法が規定・詳述されている 13 種類のビタミン（表 3-2-1）について、主要分析法である HPLC 法と微生物学的定量法を概説する。

3.2.1.1　水溶性ビタミン
(1) 試料調製

　試料部位全体を代表した十分に均一な試料を調製する。ビタミンは酸素、光、酵素などの影響により成分変化を起こしやすいため、試料入手後は速やかに分析を行う。ビタミンの分解酵素を含有している食品の場合は、酵素を失活させるための処理が必要になるので注意が必要である。例えば、一部の魚やきのこにはビタミン B_1 を分解する酵素が含まれるので、ビタミン B_1 を分析する際は試料を粗切りした後、メタリン酸溶液、又は塩酸で酵素を失活させる。

　又、調製器具による均一化が難しい場合は、試料に水を混ぜることにより試料をペースト状にする加水処理を施すことで均質化する。

(2) 試料溶液の調製

　各成分の測定に適した試料溶液とするため、試料採取後、抽出溶媒による抽出、精製操作などを行う。ビタミン B_2、ビタミン B_6、ビタミン B_{12} など、光に不安定な成分については褐色器具を使用するのが望ましい。

①ビタミン B_1

　食品中のビタミン B_1 は遊離型のチアミン以外に 3 種のリン酸エステル型として存在する。当工程においては均質化した試料を採取し、塩酸を加えて加熱抽出した後にエステル体を含めて測定するため、予め酵素処理を行い遊離型のチアミンに変換する。ろ過後、固相抽出（陽イオン交換カラム）により精製操作を行い HPLC で測定する。固相抽出の代わりにカラムスイッチング手法も用いられる。

②ビタミン B_2

　食品中のビタミン B_2 は遊離型のリボフラビン以外に 2 種の補酵素型とし

て存在する。当工程においては均質化した試料を採取し、ビタミンB_1と同様に塩酸を加えて加熱抽出した後にエステル体を含めて測定するため、予め酵素処理を行い遊離型のリボフラビンに変換する。ろ過後、ろ液をHPLC で測定する。

③ビタミン C

　ビタミン C（アスコルビン酸）は化学的に還元型及び酸化型の 2 形態が存在するが、食品中では還元型の形態のみが存在する。一方、酸化型は生体内では還元酵素により速やかに還元型に変換されることから、両成分は同等の生物学的効力を有するとされており、両者の合計量を総アスコルビン酸として定量することが一般的である。当工程においては均質化した試料を採取し、メタリン酸溶液を加えて抽出する。遠心分離、ろ過後、一定量を分取し 2,6-ジクロロフェノールインドフェノール溶液を加え還元型アスコルビン酸を酸化型に変換する。更に 2,4-ジニトロフェニルヒドラジン－硫酸溶液を加え誘導体化して有機溶媒に可溶なオサゾンを生成する。これに酢酸エチルを加え振とうし、酢酸エチル層を脱水ろ過後、HPLC で測定する。なお、誘導体化することで還元型アスコルビン酸よりも化学的に安定になる。分析法フローシートを**図 3-2-1** に示す。

④ビタミン B_6

　ビタミン B_6 は 3 種類の遊離型（ピリドキシン、ピリドキサール、ピリドキサミン）とそれらのリン酸エステル型の計 6 種類並びにその類縁体が存在する。これらを一括して測定するため、高感度な微生物を用いた微生物学的定量法が採用されている。当工程においては均質化した試料を採取し、塩酸（主に動物性試料）又は硫酸（主に植物性試料）で加熱・加圧抽出することでエステル型や配糖体を微生物（試験菌）が応答できる 3 種の遊離型に変換する。pH 調整、定容、ろ過後、微生物学的定量法で測定する。分析法フローシートを図 3-2-1 に示す。

⑤ビタミン B_{12}

　ビタミン B_{12} はシアノコバラミンをはじめメチルコバラミンなどの複数の類縁体が存在する。当工程においては均質化した試料を採取し、シアン化カリウム溶液を加え加熱・加圧抽出することで各種コバラミンを微生物

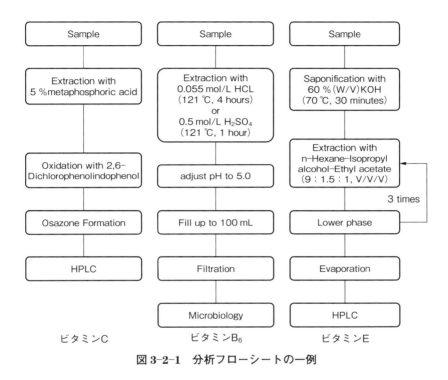

図 3-2-1　分析フローシートの一例

（試験菌）が応答できるシアノコバラミンに変換する。pH 調整、定容、ろ過後、微生物学的定量法で測定する。なお、試験菌（*Lactobacillus delbrueckii* subsp. *Lactis* ATCC 7830）はシアノコバラミン以外に核酸などにも活性を示すため、核酸を多く含む試料（穀類など）ではこれらを測定し差し引く必要がある。具体的にはビタミン B_{12} とは別の処理、すなわちビタミン B_{12} が抽出されない強アルカリ下で加熱・加圧抽出を行い、以降ビタミン B_{12} と同様に操作し、計算時にその値を差し引くことでビタミン B_{12} 量を算出する。

⑥ 葉酸

葉酸は狭義としてはプテロイルモノグルタミン酸を指すが、一般的には還元型のジヒドロ体、テトラヒドロ体及びそれらの γ-ポリグルタミン酸

体を含めた総葉酸を指すことが多い。種々の類縁体を一括して測定するため、*Lactobacillus rhamnosus*（L.casei）ATCC 7469 などの高感度な微生物を用いた微生物学的定量法が採用されている。当工程においては均質化した試料を採取し、リン酸緩衝液を加え加熱・加圧抽出する。続いて酵素処理により微生物（試験菌）が応答できるモノグルタミン酸体に変換し、定容、ろ過後、微生物学的定量法で測定する。酵素コンジュガーゼは鶏膵臓又は豚腎臓が用いられることが多い。

⑦ナイアシン

　ナイアシンは食品中ではニコチン酸、ニコチン酸アミド及びこれらのヌクレオチド類として存在する。当工程においては均質化した試料を採取し、硫酸を加え加熱・加圧抽出することで微生物（試験菌）が応答できるニコチン酸及びニコチン酸アミドに変換し、一括して測定する。pH 調整、定容、ろ過後、微生物学的定量法で測定する。

⑧パントテン酸

　パントテン酸は食品中では遊離型及び補酵素 A などとの結合型として存在する。当工程においては均質化した試料を採取し、トリス塩酸緩衝液を加え加熱・加圧抽出する。定容後、一定量を分取し、酵素処理により微生物（試験菌）が応答できる遊離型のパントテン酸に変換する。pH 調整、定容後、一定量を分取する。更に pH 調整、定容、ろ過後、微生物学的定量法で測定する。

⑨ビオチン

　ビオチンは食品中では遊離型及びタンパク質などと結合した形で存在する。当工程においては均質化した試料を採取し、硫酸を加え加熱・加圧抽出することで微生物（試験菌）が応答できる遊離型のビオチンに変換する。pH 調整、定容後、一定量を分取する。更に pH 調整、定容、ろ過後、微生物学的定量法で測定する。

（3）機器及び微生物による測定

　水溶性ビタミンの測定は表 3-2-1 に示した通り、HPLC 法、又は微生物学的定量法により行う。なお、（2）の④〜⑨については一般的な食品の含

量では微生物学的定量法が適しているが、サプリメントなど含量が多く、遊離体など単一成分が配合されている食品（大凡 50 mg/100 g 以上）については HPLC 法での定量も可能である。

① HPLC 法

HPLC 法は（2）の工程で試料から目的のビタミンを抽出した後、HPLC カラム（逆相クロマトグラフィーでは ODS カラムが、順相クロマトグラフィーではシリカゲルカラムが用いられることが多い）で他の夾雑成分と分離し、紫外可視吸光光度検出器、又は蛍光検出器により検出、定量する。例えばビタミン B_1 は蛍光誘導体化することで高感度分析や夾雑成分との分離を可能としている。

HPLC 法は迅速かつ高精度な測定方法ではあるものの、サプリメントをはじめ多様な加工食品のマトリックスに由来する夾雑物の影響には常に注意が必要である。このため異なる条件で測定し、その結果を比較することでデータの妥当性を担保することが望ましい。夾雑成分の影響を受ける場合は、移動相組成やカラムの充填剤の種類などを変更することで定量が可能となることもある。

水溶性ビタミンは水に溶け易いため、ビタミン B_1、ビタミン B_2 或いはサプリメントなど高含量のその他のビタミン B 群では逆相クロマトグラフィーによる分析が一般的である。

一方、ビタミン C は誘導体化して酢酸エチルに可溶なオサゾンを測定対象成分としているため、順相クロマトグラフィーによる分析となる。

② 微生物学的定量法

微生物学的定量法は、目的のビタミンを必須栄養素として要求する微生物を用いて、当該ビタミンを除いた培地で培養した時の増殖度合を測定することによって定量する。そのため、（2）で示した通り、試料溶液は予め微生物が増殖に利用できる構造に変換すると共に、至適 pH に調整する必要がある。この後、液体培地に標準溶液、又は試料溶液及び試験菌液を添加、混合し、試験管又はマイクロプレートで各至適温度（30〜37℃）にて培養（16〜24 時間）する。培養後、培養液の濁度（600 nm）を測定し、検量線により試料溶液中の各ビタミン濃度を算出する。この際、標準溶液や

表 3-2-2　微生物学的定量法に用いる試験菌

成分名	試験菌
ビタミン B$_6$	*Saccharomyces cerevisiae*（*S.uvarum*）ATCC 9080
ビタミン B$_{12}$	*Lactobacillus delbrueckii* subsp. *lactis*（*L.leichmannii*）ATCC 7830
葉酸	*Lactobacillus rhamnosus*（*L.casei*）ATCC 7469
ナイアシン	
パントテン酸	*Lactobacillus plantarum* ATCC 8014
ビオチン	

　試料溶液中に目的のビタミンが多く含まれるほど試験菌が増殖して培養液が濁るため、濁度は増大することとなる。微生物学的定量法に用いる試験菌について、**表 3-2-2** にまとめた。

　微生物学的定量法は高感度の感受性菌を用いることで低濃度領域迄測定できる優れた方法であり、天然由来の成分や同じ活性をもつ成分を同時に測定することが可能である。又、目的のビタミンについて類縁体を含めた天然由来の複数成分を総量で定量することが出来る。一方で、測定値は微生物の生育状況に影響を受けるため、測定値の日間差が大きくなる傾向があり、分析精度は HPLC 法と比較して劣る。

3.2.1.2　脂溶性ビタミン
(1) 試料調製

　試料部位全体を代表した十分に均一な試料を調製する。総じて安定性は低く水溶性ビタミンと同様に、試料入手後は速やかに分析を行う。なお、野菜類や果実類は、粉砕するとビタミン A の構成成分であるカロテンの劣化が進むことがある。このような場合、試料を粗切りにした後、ピロガロールなどの抗酸化剤を混ぜて粉砕することでカロテンの劣化を防ぐことが出来る[2]。

(2) 試料溶液の調製

　各成分の測定に適した試料溶液とするため、試料採取後、抽出溶媒による抽出、精製操作などを行う。ビタミン K など光に不安定な成分について

は褐色器具を使用するのが望ましい。

①ビタミンA

　食品中のビタミンAの主要な成分は、レチノール及びカロテン（α-及び β-カロテン）である。レチノールは動物性の食品に、カロテンは野菜や果実などの植物性の食品に多く含まれる。カロテンは、レチノールの前駆物質（プロビタミンA）であり、体内でビタミンAに変換される。当工程においては均質化した試料を採取し、水酸化カリウムなどのアルカリを加えて加水分解（けん化）した後、ヘキサン、2-プロパノール及び酢酸エチルなどの有機溶媒混液で振とう抽出、遠心分離する。抽出操作は3回行い有機溶媒層を回収し減圧留去する。これにエタノールを加え溶解したものをHPLCで測定する。

②ビタミンE

　ビタミンEの主要な成分は、α、β、γ、δの4種のトコフェロール及び4種のトコトリエノールである。狭義には α-トコフェロールのみであるが、広義として β～δ-トコフェロールとトコトリエノールを加えることもある。当工程においては均質化した試料を採取し、水酸化カリウムなどのアルカリを加えて加水分解（けん化）した後、ヘキサン、2-プロパノール及び酢酸エチルなどの有機溶媒混液で振とう抽出、遠心分離する。抽出操作は3回行い有機溶媒層を回収し減圧留去する。これにヘキサンを加え溶解したものをHPLCで測定する。分析法フローシートを図3-2-1に示す。

③ビタミンD

　ビタミンDには、きのこなどに由来するビタミンD_2（エルゴカルシフェロール）と動物に由来するビタミンD_3（コレカルシフェロール）があり、骨の形成に重要な役割を果たすビタミンである。一般的に食品に含まれる含有量は極めて少なく、摂取不足になり易い。ビタミンDを低濃度迄測定するために検出感度を上げる必要があり、分取HPLCで精製操作を行う。当工程においては均質化した試料を採取し、水酸化カリウムなどのアルカリを加えて加水分解（けん化）した後、ヘキサン及び酢酸エチルの有機溶媒で振とう抽出、遠心分離する。抽出操作は3回行い有機溶媒層を回収し減圧留去する。これにヘキサンを加え溶解したものについて順相カラムを

用いる分取 HPLC で精製操作を行う（順相クロマトグラフィー）。ビタミン D 溶出画分を分取し減圧留去する。これにアセトニトリルを加え溶解したものについて逆相カラムを用いる HPLC で測定する（逆相クロマトグラフィー）。順相及び逆相クロマトグラフィーを組み合わせることで試料に含まれる夾雑成分を除き、低濃度まで測定することが出来る。

④ビタミン K

ビタミン K には、植物性の食品に含まれるフィロキノン（ビタミン K_1）と肉類、卵黄、納豆などに含まれ、微生物が生産するメナキノン類（ビタミン K_2）がある。ビタミン K は、他の脂溶性ビタミンと異なりけん化操作は行わない。当工程においては均質化した試料を採取し、クエン酸溶液を加え加温する。これにエタノール、クエン酸溶液、ヘキサン及び酢酸エチルの有機溶媒混液を加え振とう抽出、遠心分離する。抽出操作は 3 回行い有機溶媒層を回収し減圧留去する。共存妨害成分が多い場合はカラムクロマトグラフィー（シリカゲル）で精製する。続いて 2-プロパノールに溶解し HPLC で測定する。

（3）測定

脂溶性ビタミン（A、D、E、K）は全て HPLC 法によって精度良く分析することが可能である。

カロテンの測定において α-カロテンと β-カロテンを分離して測定するには、HPLC 法が有用である。トコフェロールでも 4 種の異性体を分離・定量する際 HPLC 法は極めて有効である。

なお、トコフェロールの HPLC 測定においては、紫外可視吸光光度検出器でも測定が可能であるが、試料中の妨害成分の影響を避けるため、一般的には選択性の高い蛍光検出器を用いる。

ビタミン D は順相クロマトグラフィーで分取精製後、逆相クロマトグラフィーで測定する方法に加えて、逆相クロマトグラフィーで分取精製後、順相クロマトグラフィーで測定する方法がある。但し、後者の場合、ビタミン D_2 とビタミン D_3 を分離することは難しいため、個々に定量する場合は前者を用いて定量することが出来る。

　ビタミン K の測定では、主に HPLC 測定が用いられる。HPLC 測定において、ポストカラム反応によりビタミン K の還元を行った後、蛍光検出器で検出すると高感度で測定することができる。

3.2.2　アミノ酸

　食品中にアミノ酸は遊離体、又はタンパク質・ペプチドの構成成分として存在する。遊離体のアミノ酸は前処理段階で除タンパクをしてから測定を行うのに対し、タンパク質・ペプチドの構成成分としてのアミノ酸は前処理段階で加水分解を行ってから測定を行う。

　食品分析において、アミノ酸はポストカラム誘導体化を用いて測定する事が多い。専用の装置が市販されており、これを本節では以下、「アミノ酸アナライザー」と記載する。遊離アミノ酸の様に試料中の濃度が低い事が想定される場合は、プレカラム誘導体化を行い、高感度な蛍光・質量分析装置などで測定する手法を用いる事もある。

(1)　遊離アミノ酸分析のための前処理

　アミノ酸は水に対する溶解度が高いため、水、緩衝液で抽出・ホモジナイズを行う。試料中には可溶性のタンパク質やペプチドが共存している事が想定されるため、ペプチダーゼなどの酵素の影響を受けない様に、低温で取り扱う事、又は速やかに除タンパク処理を行う事が望ましい。

　除タンパクとしては、簡易的に限外ろ過を用いたり、沸騰水浴上で加熱してタンパクを凝固させたりするなどの手法がある[1]が、微量成分としての遊離アミノ酸を測定する場合には有機溶媒や酸を用いた除タンパク操作を行う事が多い。

　ポストカラム誘導体化法では、有機溶媒に弱い樹脂製のカラムを用いる事が多いため酸での除タンパクが選択される事が多いのに対し、プレカラム誘導体化法では弱塩基条件で誘導体化反応を行う必要がある有機溶媒での除タンパクが選択される事が多い。なお、アスパラギン、グルタミン、トリプトファンは酸に不安定である事から、これらのアミノ酸を測定する

場合には、酸での除タンパクは避ける必要がある。

(2) タンパク質構成成分のアミノ酸分析のための前処理

タンパク質を構成するアミノ酸を測定するためには、タンパク質を加水分解する必要がある。アスパラギン、グルタミンは加水分解中にそれぞれアスパラギン酸、グルタミン酸に変換されるため合算値として定量する事になる。加水分解中に酸化反応を受け易いメチオニンやシスチン/システインは過ギ酸酸化法、酸に不安定なトリプトファンはアルカリ分解法で定量を行う。

①酸加水分解法

タンパク質量約 10 mg を含む試料を封管用試験管に量りとり、0.05 %（v/v）2−メルカプトエタノール含有 6 mol/L 塩酸を 10 mL（タンパク質量の約 1,000 倍）加える。ドライアイス・エタノールなどで凍結させ、減圧下で十分に脱気する。その後、封管して 110℃で 22〜24 時間加水分解を行う。

加水分解後は冷却してから開管し、塩酸を減圧下で留去する[1]。食品分析の場合は試料量が多くなる事もあるため、凍結下ではなく液体の状態で減圧脱気したり、加水分解後に塩酸を留去する代わりに 3 mol/L 水酸化ナトリウム溶液で pH を調整したりする手法も一般的である[2]。

アミノ酸アナライザーで測定を行う場合は、加水分解後のサンプルを水酸化ナトリウムやクエン酸ナトリウム緩衝液で pH 2.2 付近になる様に調整する。pH 調整が不適切な場合は、保持の短い成分の保持時間やピーク形状に影響が出る事があるので注意が必要である。

なお、本法でメチオニンを定量対象とする場合は、酸化の影響を最小限にするため、2−メルカプトエタノールの濃度を 0.1 %まで上げ、窒素を吹き込みながら加水分解を行う[2]。

②過ギ酸酸化法

メチオニンやシスチン/システインを分析する場合は、過ギ酸溶液（ギ酸と過酸化水素水を 9：1 で混合し、室温で 1 時間放置して調製する）でメチオニンスルホンとシステイン酸に変換させてから定量を行う。

　過ギ酸酸化は、タンパク質量約 10 mg を含む試料に対し、氷冷した過ギ酸溶液 10 mL を加え、可溶性のタンパク質の場合は 4 時間、不溶性の場合は一晩反応させる。反応後、減圧濃縮乾固させてから、通常の加水分解操作を行う[1]。

③アルカリ分解法

　酸に不安定なトリプトファンを定量する場合はアルカリでの加水分解法を用いる。タンパク質量約 10 mg を含む試料に対し、可溶性でん粉 100 mg と 4.2 mol/L NaOH 溶液 3 mL を加え、凍結脱気処理後に封管して 135 ℃ で 22 時間加水分解を行う。反応後は塩酸及びクエン酸緩衝液で液性を弱酸～弱アルカリに調製する[1][2]。

(3) アミノ酸分析法

　多くのアミノ酸は低波長側での UV 吸収しかもたず、選択性と感度が悪い事から、殆どのケースで誘導体化して測定を行う。誘導体化反応は、カラム分離後にオンラインで誘導体化を行う「ポストカラム誘導体化法」と、前処理段階で誘導体化を行う「プレカラム誘導体化法」がある（**図 3-2-2**）。それぞれ特長がある事から使い分けが必要である[3]。なお、トリプトファンは自然蛍光（λex 285 nm、λem 348 nm）をもつため、誘導体化なしに逆相 HPLC-蛍光検出で測定する事が可能である[2]。

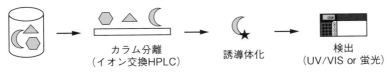

ポストカラム誘導体化：分離してから、誘導体化・検出する手法

カラム分離
（イオン交換HPLC）　　誘導体化　　検出
　　　　　　　　　　　　　　　　　（UV/VIS or 蛍光）

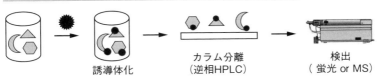

プレカラム誘導体化：誘導体化してから、分離・検出する手法

誘導体化　　カラム分離
　　　　　　（逆相HPLC）　　検出
　　　　　　　　　　　　　　（蛍光 or MS）

図 3-2-2　ポストカラム及びプレカラム誘導体化の概要

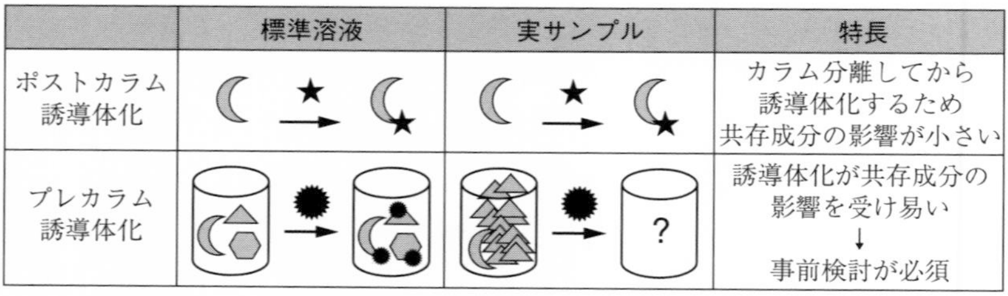

	標準溶液	実サンプル	特長
ポストカラム 誘導体化	☾ ★ ➔ ☾ ★	☾ ★ ➔ ☾ ★	カラム分離してから誘導体化するため共存成分の影響が小さい
プレカラム 誘導体化	➔	➔ ?	誘導体化が共存成分の影響を受け易い ↓ 事前検討が必須

図 3-2-3　食品分析におけるポストカラム誘導体化のメリット

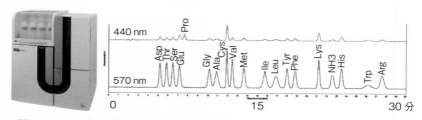

図 3-2-4　日立ハイテクサイエンス製アミノ酸アナライザー（LA8080）によるアミノ酸分析

①ポストカラム誘導体化法

　ポストカラム誘導体化法は、カラム分離してから誘導体化反応を行うため、共存成分の影響を受ける事が少なく、大量のアミノ酸中の微量アミノ酸でも正確に測定を行う事が出来る（**図 3-2-3**）。複雑系である食品分析において、この特長はとても有利である。このため、日本食品標準成分の測定は、日本電子、又は日立ハイテクサイエンス製のアミノ酸アナライザー（**図 3-2-4**）を使用している[2]。

　アミノ酸アナライザーは、分離部に強カチオン交換型のイオン交換カラムを用い、移動相の pH を段階的に変化させ、酸性アミノ酸、中性アミノ酸、塩基性アミノ酸の順に分離させる。イオン交換カラムの分離能は逆相カラムと比較すると良くないため、分析サイクルは数 10〜120 分ととても長い。ポストカラム誘導体化の試薬はニンヒドリン（比色）とオルトフタルアルデヒド/チオール（蛍光）が知られているが、ニンヒドリン試薬の方が定量性に優れており、上述した2社の装置は何れもニンヒドリン法を

採用している。

なお、各種試薬、カラム、移動相のプログラムなどは装置ごとに最適化されており、ユーザーが検討する必要は殆どない。

②プレカラム誘導体化法

プレカラム誘導体化は分離能が高い逆相カラムを使用出来る事から高速化が可能である。又、検出器として蛍光検出器や質量分析装置を使用する事が出来るため高感度化も可能である。多量の試料を測定しなければならない場合や遊離アミノ酸の様に濃度の低い試料を測定する場合に威力を発揮する手法である。

アミノ酸用の誘導体化試薬としては、ダンシルクロリドやベンゾフラザン骨格をもつ NBD-F などが知られている[4]。何れもホウ酸緩衝液などを用いて、pH を弱塩基性に調整して反応を行う必要がある。反応性の高いオルトフタルアルデヒド（1 級アミンとのみ反応）と F-moc 試薬（2 級アミンとも反応）を組み合わせてオートサンプラー内で誘導体化する HPLCシステムや、LC-MS 用の誘導体化試薬 APDS を用いた誘導体化システム[5]の自動プレカラム誘導体化アミノ酸分析計（**図 3-2-5**）なども発売されている。

但し、プレカラム誘導体化は共存する成分の影響を受け易い事から、前処理や誘導体化試薬量を最適化したり、既知濃度のアミノ酸を添加したスパイク試料を用いて添加回収試験したりするなど、分析条件設定時にひと手間掛ける必要がある。

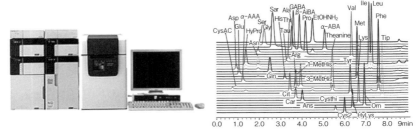

図 3-2-5 島津製作所製自動プレカラム誘導体化アミノ酸分析計「UF amino station」と、同分析計によるアミノ酸分析

3.2.3　脂肪酸

　食品中の脂質の大部分は、グリセリンに脂肪酸がエステル結合したトリグリセリドの状態で存在している。脂肪酸は炭化水素の末端にカルボキシル基を有する構造をもち、炭化水素部分の構造の違いにより様々な種類が存在する。二重結合数によって3つに大別され、二重結合をもたないものを飽和脂肪酸、1つ有するものを一価不飽和脂肪酸、2つ以上有するものを多価不飽和脂肪酸という。多価不飽和脂肪酸のうち、メチル基の末端から数えて3番目及び6番目の炭素原子に最初の二重結合がある脂肪酸を、それぞれ n-3 不飽和脂肪酸及び n-6 不飽和脂肪酸と呼ぶ。又、多くの生理活性機能をもつリノール酸及び α-リノレン酸は、体内で合成されず食物から摂取しなければならならないことから、必須脂肪酸と呼ばれている。エイコサペンタエン酸及びドコサヘキサエン酸は血中の中性脂肪を減らすことなどが知られており、サプリメントなどの健康食品にも広く用いられている。

　トランス型の二重結合を有する不飽和脂肪酸をトランス脂肪酸と呼ぶ。本項では、トランス脂肪酸の概説は省略するが、分析方法については基準油脂分析試験法[1]などを参照して欲しい。

　表 3-2-3 に主な脂肪酸を示した。各脂肪酸名の横には、脂肪酸を炭素

表 3-2-3　主な脂肪酸の分類

飽和脂肪酸	不飽和脂肪酸	
	一価不飽和脂肪酸	多価不飽和脂肪酸
酪酸　4：0	デセン酸　10：1	リノール酸　18：2n-6
カプロン酸　6：0	ミリストレイン酸　14：1	α-リノレン酸　18：3n-3
カプリル酸　8：0	ペンタデセン酸　15：1	γ-リノレン酸　18：3n-6
デカン酸　10：0	パルミトレイン酸　16：1	エイコサジエン酸　20：2n-6
ラウリン酸　12：0	ヘプタデセン酸　17：1	アラキドン酸　20：4n-6
ミリスチン酸　14：0	オレイン酸　18：1	エイコサペンタエン酸　20：5n-3
パルミチン酸　16：0	エイコセン酸　20：1	ドコサテトラエン酸　22：4n-6
ステアリン酸　18：0	ドコセン酸　22：1	ドコサペンタエン酸　22：5n-3
リグノセリン酸　24：0	テトラコセン酸　24：1	ドコサヘキサエン酸　22：6n-3

数：二重結合数で表した記号を付し、n–3 不飽和脂肪酸及び n–6 不飽和脂肪酸の場合には、更に末尾に n–3 及び n–6 を付した。

ここでは食品表示基準の方法[2]や成分表分析マニュアル[3]などで採用されている、脂肪酸のガスクロマトグラフィーによる定量法について概説する。

脂肪酸の分析は抽出した脂質を誘導体化し、ガスクロマトグラフィーで分析するのが一般的であり、大きく①試料調製、②試料溶液の調製、及び③機器による測定の 3 工程に分けられる。

(1) 試料調製

試料部位全体を代表した十分に均質な試料を調製する。特に油分と水分が不均一な分離液状ドレッシングのような試料は注意が必要である。この場合、ポリエチレングリコールp-オクチルフェニルエーテルなどの界面活性剤を試料に加えて乳化させた後、均質化する。使用した試料及び界面活性剤の重量から、抽出に用いた試料重量を補正して定量計算をする。又、ラードなど動物性の脂質を多く含む試料では室温で固体となっているものがある。この場合、50℃程度で加温することで液状化し、均質性が増すことがある。

(2) 試料溶液の調製

試料から脂質、又は脂肪酸を抽出した後誘導体化し、機器による測定に適した状態にする工程である。抽出方法には、試料中の脂質を分解して脂肪酸にした後に抽出する方法と、脂質を溶媒で抽出する方法がある。食品の種類は多岐にわたり、その中に脂質は様々な状態で存在していることから、試料に適した抽出方法を選択する必要がある。ここでは主要な①–1 けん化法、①–2 酸分解法、①–3 クロロホルム・メタノール混液抽出法の3 種の抽出法と、誘導体化の方法として②メチルエステル化法を解説する。①–1 けん化法と①–2 酸分解法の分析フローシートを**図 3-2-6** に示す。

①–1 けん化法

試料をアルカリ処理（水酸化ナトリウム）により直接けん化し、含まれ

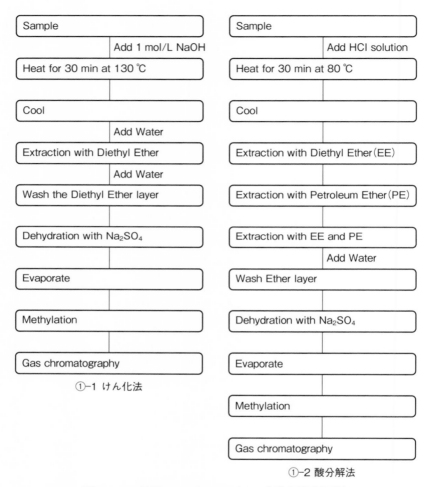

①-1　けん化法

①-2　酸分解法

図 3-2-6　分析フローシート（けん化法と酸分解法）

る脂質を遊離型の脂肪酸に分解してから、溶媒で抽出する方法である。魚介類や肉類など多糖類の含量が少ない食品に適用される。

　なお、多糖類がもつグリコシド結合はアルカリに安定であることから、多糖類を多く含む食品においては、多糖類に囲まれて存在する脂質のけん

化が不十分となる。従って、多糖類を多く含む穀類などは①-2 酸分解法を適用する。

①-2 酸分解法

試料を酸処理（塩酸）により分解し、脂質を溶媒抽出する方法である。多糖類を分解し可溶化することで脂質の抽出が容易となる。又、脂質に含まれる色素なども分解、除去できる利点があり、穀類だけでなく野菜類にも適切な方法である。

比較的濃度の高い酸を使って加熱するので、多価不飽和脂肪酸の分解が起こる可能性がある。そのため、酸の濃度、加熱温度及び加熱時間を守ることが重要である。

①-3 クロロホルム・メタノール混液抽出法

クロロホルム・メタノール混液中に試料を分散させて、還流又はホモジナイザーによる攪拌で脂質を抽出する方法である。①-1 けん化法や①-2 酸分解法のように分解処理を行わないので、脂質をほぼ変化させることなく抽出することができる。又、水に溶けやすく揮発しやすい性質をもつ酪酸などの低級脂肪酸やリン脂質などの極性脂質を含む食品の抽出にも適している。

メタノールの試料への浸透性の高さとクロロホルムの脂質の溶解性の高さから、幅広い試料種に適用できる。一方で、クロロホルムは人体や環境への有害性が指摘されており、平成 26 年 11 月に特定化学物質に指定された。扱いが制限される中で、代替溶媒による抽出法なども検討されている。

②メチルエステル化法

ガスクロマトグラフによる分析では試料溶液を気化させる必要がある。脂肪酸はそのままでは気化しにくいため、揮発性の高い誘導体に変えてガスクロマトグラフィーに供する。誘導体化には様々な種類があるが、脂肪酸の分析においてはメチルエステル化が最も一般的である。

メチルエステル化の手法も複数報告されているものの、大きくは酸触媒による方法、アルカリ触媒による方法の 2 通りがある。酸触媒の場合は遊離した脂肪酸の状態でもトリグリセリドの状態でもメチルエステル化される。この場合、脂肪酸の誘導体化は短時間で完了するが、トリグリセリド

の誘導体化は長時間を要する。一方、アルカリ触媒の場合は、遊離状態の脂肪酸は誘導体化されず、トリグリセリドは短時間で誘導体化が完了する。

　食品表示基準の方法[2)]や成分表分析マニュアル[3)]などで採用されている試験方法は、アルカリ触媒と酸触媒の両方法を組み合わせたものである。そのため、トリグリセリドだけでなく遊離した脂肪酸も誘導体化でき、短時間でメチルエステル化が完結する。

(3) 機器による測定

　(2) で調製した試料溶液をガスクロマトグラフに注入し、得られたクロマトグラムにおける各脂肪酸のピーク面積値から含量を求める。検出器は水素炎イオン化検出器（FID）、GC カラムはシアノプロピル系の高極性キャピラリーカラムが用いられることが多い。内標準物質を使用した定量方法が一般的で、抽出時、もしくは誘導体化する際に内標準物質を添加し、内標準物質と測定対象の脂肪酸のピーク面積比から濃度を算出する。内標準物質としては、測定対象物質と挙動が同じ、かつ食品中には含まれない脂肪酸が適切である。そのため、一般的にヘプタデカン酸が使用されることが多い。ただし、食品によっては微量に含まれる場合があるため、その際は内標準物質を添加しない空試験を行い、ヘプタデカン酸のピーク面積を補正することが必要となる。

　又、FID の応答値（レスポンス）は分子中の炭素原子の数に左右されるため、脂肪酸ごとに FID 感度は異なる。そのため、測定対象の脂肪酸については標準品を用いて感度補正係数を求めておくことが望ましい。

3.2.4　有機酸

　有機酸は天然に広く存在する酸性有機化合物の総称であり、狭義では構造にカルボン酸を有するものを指す。野菜、肉、果物などの食品に含まれる代表的な有機酸には乳酸、リンゴ酸及びクエン酸がある。又、食酢などに含まれる酢酸も代表的な有機酸の１つである。食品には天然物以外に、食品添加物として清涼飲料水などの酸味料に用いられる有機酸も含まれる。

このように有機酸は多くの食品に含まれ、私たちは日常的に摂取している。

「食品表示基準（平成26年内閣府令第10号）」に従った栄養表示におけるエネルギー計算上では、有機酸はヒトがエネルギー源として利用できる炭水化物（エネルギー係数4kcal/g）の1つとして扱われる。ただし、有機酸の含量が明らかな場合は、炭水化物におけるエネルギーは、（炭水化物－有機酸）×4kcal/g＋有機酸×3kcal/gの計算式で算出できるため、より正確な熱量を表示することができる。

一方、平成27年から始まった機能性表示食品制度において、クエン酸はストレス及び緊張の緩和、疲労感の軽減の効果、酢酸は体脂肪を減らす効果があるとされ、これらの有機酸は機能性関与成分として受理され、その機能性に注目が集まっている。果実などの天産品のほかに、健康食品の錠剤及びカプセルなどで高含量品が増加している。これらを分析する場合においては、天然成分に由来するのか、加工時における添加物に由来するのかは区別されない。

本項では、食品表示基準において栄養成分表示の方法が記載されている酢酸及びクエン酸に加え、乳酸及びリンゴ酸の高速液体クロマトグラフィー（HPLC）による定量法について概説する。

食品中の有機酸の分析は大きく①試料調製、②試料溶液の調製、及び③機器による測定の3工程に分けられる。②及び③については、試料の性質や分析種に応じて最適な組み合わせが選択される[1)2)]。

(1) 試料調製

試料部位全体を代表する十分に均質な試料を調製する。ただし、酢酸などの揮発性が比較的高い有機酸は、加温処理など熱を加える前処理は原則行わない。又、生鮮食品（生の魚肉、野菜及び果実など）や発酵食品は、有機酸含有量の経時変化が起こる可能性が高いため、試料溶液の調製までを素早く実施することが望ましい。

(2) 試料溶液の調製

分析種を抽出すると共に、試料中の油分やタンパク質などのきょう雑物

を除去し、機器による測定に適した試料溶液を調製する工程である。有機
酸は水溶性であり、基本的に水系溶媒で容易に抽出されるが、試料の種
類・状態に応じ、抽出法を使い分ける必要がある。なお、試料の採取量は、
抽出不良となる可能性があるため、抽出液量の 1/5 以内とすることが望ま
しい。各方法の分析フローシート例を**図 3-2-7** に示す。

①水に分散することが可能な試料

　均質化した肉、野菜、粉末、ペースト、ソース類及び飲料など、水に分
散しやすい試料が該当する。ただし、油分が多い試料は脱脂操作が必要と

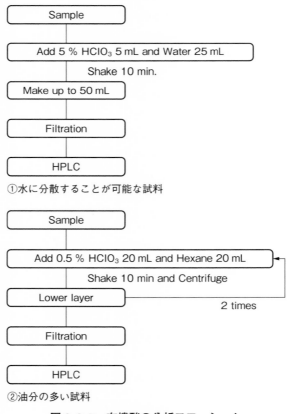

①水に分散することが可能な試料

②油分の多い試料

図 3-2-7　有機酸の分析フローシート

なるため、以下の②を参照すること。

　食品中の主要成分であるたんぱく質を除く目的として酸性溶媒（例えば5％過塩素酸）を加え、放置後、その4倍量の水を加え、分析種を試料から振とうまたはホモジナイザーによる撹拌により抽出する。水で定容後、ろ過したものを試料溶液とする。必要があれば、適宜、試験溶液を希釈する。

②油分の多い試料

　健康食品のソフトカプセルなど油分が多い試料が該当する。有機溶媒（ヘキサン）により、油分を取り除く操作を行う。酸性溶媒（例えば0.5％過塩素酸）を加え、撹拌した後、同量のヘキサンを加えて振とうして抽出する。遠心分離後、上層を除去し、上記のヘキサン洗浄を更に2回繰り返した後、下層をろ過したものを試料溶液とする。必要があれば、適宜、試料溶液を希釈する。

(3) 機器による測定

　(2) で調製した試料溶液について、試料溶液の性質、分析種及びその濃度に応じ、高速液体クロマトグラフィー（HPLC）の測定条件を使い分ける。なお、測定の際は、予め水で調製した濃度既知の標準溶液で検量線を作成する。

　HPLCカラムには、a. イオン排除及び逆相型カラム、又はb. サイズ排除型カラムを使用する。

a. イオン排除・逆相型カラム

　このカラムは、以下の3つの機能を有する。これらの3つの機能が総合的に作用し、分離が行われる。

- ・イオン排除の機能：カラム充塡剤表面に対する有機酸イオンの反発力の差により有機酸を分離し、反発力がより強い酸を早く溶出させる。
- ・逆相の機能：疎水性相互作用により疎水性が高い有機酸を遅く溶出させる。
- ・微細孔による分離機能：カラム充塡剤表面にある微細孔の内部に入ることができる分子は、HPLCカラムからの溶出が遅くなる。

b.　サイズ排除型カラム

　このカラムは、微細孔による分離機能を有するカラムであり、分子サイズが大きな有機酸から溶出する。そのため、同じ分子量の物質同士でも分子構造が異なれば実際の分子の大きさは必ずしも同じではないことから、分離が行われる。

　いずれの HPLC カラムを用いる場合においても、移動相は過塩素酸などの酸性水溶液を用いる。すなわち、イオン化抑制下でカラム分離を行った後、以下に示す 2 つの条件により各有機酸について検出、測定を行う。

①紫外可視吸光光度検出器

　カルボン酸の吸収極大に由来する測定波長 220 nm で測定する。簡便で感度良く測定できる方法であるが、多くの有機物がこの測定波長の吸収をもつため、有機酸に対する特異性は低く、クロマトグラムにおいて食品マトリックスに由来する有機物等の妨害を受けやすい。

②紫外可視吸光光度検出器（ポストカラム法）

　カラム分離後に、分離液に反応液（0.2 mmol/L ブロモチモールブルー含有 15 mmol/L リン酸水素二ナトリウム溶液）を混合し、測定波長 445 nm で測定する。酸性溶液である移動相にアルカリ性の反応液が混ざることで、移動相の pH が高くなり、HPLC カラムで分離された有機酸が存在する場合のみ、指示薬であるブロモチモールブルーが発色を示すため、有機酸を特異的に測定することができる。紫外可視吸光光度検出器と比べ、検出感度は低いものの、特異性が高いため、クロマトグラムにおいて食品マトリックスに由来する有機物等の妨害を受けにくい。

3.2.5　核酸関連物質

　核酸とは、デオキシリボ核酸（DNA）とリボ核酸（RNA）の総称で 4 種のヌクレオチドが鎖状に結合した構造をした生命活動に欠かせない生体高分子である。核酸の構成単位であるヌクレオチドは、核酸塩基、5 炭糖、リン酸から成っているが、核酸関連物質とは、核酸塩基を含む物質全般を示す。核酸関連物質を分類し、主な成分名を**表 3-2-4** に示した。

表 3-2-4　核酸関連物質の分類

分類	主な成分名
核酸	DNA（デオキシリボ核酸）、RNA（リボ核酸）
ヌクレオチド	5′-アデニル酸、5′-グアニル酸、5′-キサンチル酸、5′-イノシン酸、5′-シチジル酸、5′-ウリジル酸、5′-チミジル酸、5′-デオキシアデニル酸、5′-デオキシグアニル酸、5′-デオキシシチジル酸、5′-アデノシン三リン酸（ATP）、5′-アデノシン二リン酸（ADP）など
ヌクレオシド	アデノシン、グアノシン、キサントシン、イノシン、シチジン、ウリジン、チミジン
核酸塩基	アデニン、グアニン、キサンチン、ヒポキサンチン、シトシン、ウラシル、チミン

表 3-2-5　核酸関連物質の主な特徴

分類	主な特徴
核酸	・DNA 及び RNA は体内で遺伝情報を蓄えて伝達する役割を担う ・生物の重要構成物質であるタンパク質は、DNA が保持する遺伝情報に基づいて合成される ・核酸は食品全般に含まれるが、特にタンパク質源である肉（鶏肉、豚のレバーなど）、魚介類（アサリ、牡蠣など）、豆類などに多く含まれる。食品の中で特に DNA を多く含む例としてサケの白子、RNA では食用酵母が知られている
ヌクレオチド	・核酸塩基、5 単糖、リン酸から構成される。DNA と RNA では糖部分の違いにより、DNA を構成するヌクレオチドはデオキシリボヌクレオチド、RNA はリボヌクレオチドと呼ばれる ・核酸の構成成分の他、5′-グアニル酸は椎茸だし、5′-イノシン酸はかつおだしに代表される旨味成分である
ヌクレオシド	・核酸塩基、5 単糖から構成される。ヌクレオチドと共に母乳に含まれる乳児の成長に不可欠な栄養成分である。食事から吸収、又は肝臓で核酸から分解生成されたヌクレオシドは塩基に分解された後再利用されてヌクレオチドを合成する
核酸塩基	・プリン塩基（アデニン、グアニン、キサンチン、ヒポキサンチン）とピリミジン塩基（シトシン、ウラシル、チミン）に分類される。プリン塩基を含む核酸関連物質は過剰に摂取すると体内に尿酸を蓄積し、痛風を発症すると言われる

　又、核酸関連物質に含まれるプリン体は、過剰に摂取すると痛風を発症すると言われる。一方で、食品から摂取した核酸関連物質は老化防止や病気の改善効果が示唆され、栄養学的価値が見直されているとも言われる。核酸関連物質の主な特徴を**表 3-2-5** に示した。

　食品中の核酸関連物質の分析は、大きく①試料調製、②試料溶液の調製、及び③機器による測定の 3 工程に分けられる。②については分類ごとに適した調製法を行い、③の工程において正確に定量する。

　本項では、核酸、ヌクレオチド、ヌクレオシド及び核酸塩基について、高速液体クロマトグラフ法（以下 HPLC 法）による定量法の一例を概説する。

(1) DNA 及び RNA

　本項では生体中の DNA 及び RNA ではなく、食品中に含まれる又は健康食品などに添加された DNA 及び RNA を定量する方法について示す。

① DNA

　調製器具を用いて均質化した分析試料から水酸化ナトリウム含有 10 ％塩化ナトリウム溶液（アルカリ性下）で DNA を加熱（100 ℃、2 時間）抽出する。これにより、食品中に含まれるタンパク質を失活すると共に DNA を 2 本鎖から 1 本鎖に変性することができる。水冷後、抽出液をヌクレアーゼ P$_1$[1)]で酵素処理し、DNA を 4 種のデオキシリボヌクレオチド（5′-デオキシシチジル酸、5′-デオキシアデニル酸、5′-チミジル酸及び 5′-デオキシグアニル酸）に分解し、それぞれを HPLC により測定する。この際、別途調製した上記 4 種のデオキシリボヌクレオチド標準溶液を測定して検量線を作成し、試料溶液中の各デオキシリボヌクレオチドを定量する。同時に抽出液中に存在する酵素分解前の遊離デオキシリボヌクレオチドを HPLC により定量する。得られた酵素分解後の定量値から酵素分解前の定量値を差し引いて DNA 由来のデオキシリボヌクレオチドを算出し、その総和を算出して当該食品中の DNA 量とする。

② RNA

　調製器具を用いて均質化した分析試料から 10 ％塩化ナトリウム溶液（中性下）で RNA を加熱抽出（100 ℃、2 時間）する。DNA の場合と同様に処理し、得られた抽出液をヌクレアーゼ P$_1$[1)]で酵素処理し、RNA を 4 種のリボヌクレオチド（5′-シチジル酸、5′-アデニル酸、5′-ウリジル酸及び 5′-グアニル酸）に分解する。DNA の場合と同様に、酵素反応前後の試料

溶液をそれぞれ HPLC により定量する。得られた酵素分解後の定量値から酵素分解前の定量値を差し引いて RNA 由来のリボヌクレオチドを算出し、その総和を算出して当該食品中の RNA 量とする。

(2) ヌクレオチド、ヌクレオシド

　肉類、魚類及び調味料に含まれる代表的ヌクレオチド（5′-イノシン酸や 5′-グアニル酸など）、又はヌクレオシド（アデノシン、イノシンなど）を定量する方法[2]である。

　調製器具を用いて均質化した分析試料から酸性溶液（例：5％過塩素酸、10％トリクロロ酢酸など）による除タンパク抽出を行う。得られた抽出液を中和後、試料液中のヌクレオチド又はヌクレオシドを（1）と同様に HPLC で定量する。分析法フローシートを**図 3-2-8** ①に示す。

(3) 核酸塩基

　核酸塩基を定量する場合、目的によって試料中の遊離核酸塩基を定量する方法と試料中の核酸塩基の総量（DNA、RNA、ヌクレオチド、ヌクレオシド由来の核酸塩基を含む）を定量する方法の 2 種類がある。

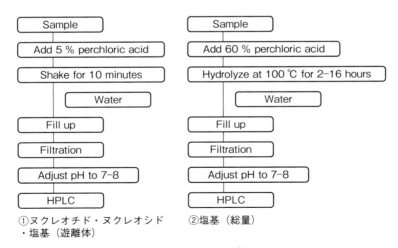

①ヌクレオチド・ヌクレオシド
・塩基（遊離体）

②塩基（総量）

図 3-2-8　核酸関連物質の分析フローシート

　痛風などの原因物質となり得るプリン体を測定する場合は、核酸塩基の総量を測定することが一般的である。

①遊離体の定量

　調製器具を用いて均質化した分析試料から除タンパクを目的とし、酸性溶液（例：5 ％過塩素酸、10 ％トリクロロ酢酸など）で試料から核酸塩基を抽出する。抽出液を中和後、HPLC を用い、標準溶液による検量線法で定量する（図 3-2-8 ①）。

②総量の定量[3]

　調製器具を用いて均質化した分析試料に酸（60〜70 ％過塩素酸）を加えて加熱（100 ℃、2〜16 時間）し、遊離核酸塩基体へ加水分解を行う。加水分解液を中和後、HPLC を用い、標準液による検量線法で定量する（図 3-2-8 ②）。

（4）HPLC 法

①分離モード

　核酸関連物質の分離モードには、陰イオン交換クロマトグラフィー、逆相クロマトグラフィー、逆相イオン対クロマトグラフィー、サイズ排除クロマトグラフィーが用いられる。

②検出法

　核酸関連物質は、構造中の核酸塩基が 260 nm 付近に吸収極大をもっているため、核酸関連物質全体としても 260 nm に吸収極大をもつ。そのため、一般的に 260 nm の波長を用いて定量をする。

③クロマトグラム例

　図 3-2-9 を参照して欲しい。

3.2.6　ステロール

　ステロールとはシクロペンタフェナントレン炭素骨格（ステロイド骨格）を基本構造とするステロイド類の一種で、そのうち炭素数が 27〜30 で 3 位にヒドロキシル基をもつステロイドアルコールの総称である。一般的

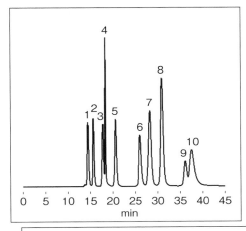

1. ATP（100 µg/mL）
2. ADP（100 µg/mL）
3. 5'-イノシン酸（100 µg/mL）
4. 5'-アデニル酸（50 µg/mL）
5. 5'-グアニル酸（100 µg/mL）
6. イノシン（100 µg/mL）
7. アデニン（100 µg/mL）
8. ヒポキサンチン（100 µg/mL）
9. グアニン（100 µg/mL）
10. アデノシン（100 µg/mL）

〈操作条件の一例〉
　カラム：Shodex Asahipak GS-320 HQ（内径7.5 mm、長さ300 mm；昭和
　　　　　電工株式会社）
　移動相：205 mMりん酸-ナトリウム及び205 mMりん酸の混液（300：7）
　流速：0.6 mL/min
　検出：UV（260 nm）
　カラム温度：30 ℃

図 3-2-9　クロマトグラム例

に水に溶けにくく、有機溶媒に可溶であり、脂質の構成成分の1つとなっている。

　食品中のステロールはコレステロールと植物ステロールの2つに大別される。

　コレステロールは主に動物由来のステロールで、「食品表示基準（平成26年内閣府令第10号）」で栄養成分表示の方法が規定されており、「日本食品標準成分表」に各食品の含量が収載されている成分である。

　植物ステロールは別名フィトステロールとも呼ばれ、その名の通り植物に含まれるステロールである。コレステロールと構造が似ているが、二重結合の位置や数、側鎖の種類の違いにより数多くの植物ステロールが存在する（**図 3-2-10**）。経口摂取により血中コレステロール値を低下する作用があることが知られており、植物ステロールを添加した複数の食品が特定

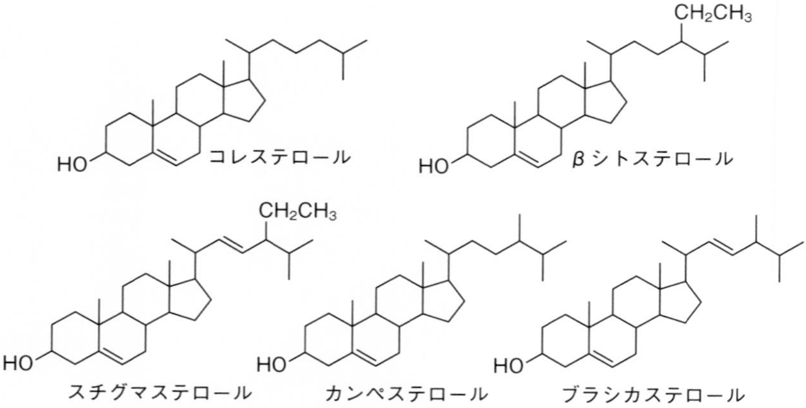

図3-2-10　コレステロール及び主な植物ステロールの構造

保健用食品として許可されている。

　食品中のステロールは遊離型、又は脂肪酸エステル型や配糖体などの結合型として存在している。かつてはアンスロン試薬や塩化鉄溶液などの反応試薬を用いて発色させ、吸光光度法により総ステロール量を求める方法、又は薄層クロマトグラフィーにより分離した各ステロールを個別に定量する方法が主流であった。しかし、現在では感度に優れ、分離、同定及び定量を同時に行うことができるガスクロマトグラフィーによる分析が一般的である。

　本項では、食品表示基準の方法[1]や成分表分析マニュアル[2]などで採用されている、コレステロール及び植物ステロールのガスクロマトグラフィーによる定量法を概説する。

　食品中のステロール分析は大きく①試料調製、②試料溶液の調製、③機器による測定の3工程に分けられる。

（1）試料調製

　試料部位全体を代表した十分に均質な試料を調製する。特に油分と水分が不均一な試料は注意が必要である。例えば、分離液状ドレッシングの場合、ポリエチレングリコール、*p*-オクチルフェニルエーテルなどの界面活

性剤を試料に加えて乳化させる。

(2) 試料溶液の調製

　試料からステロールを抽出し、夾雑物の除去を行い、機器による測定に適した試料溶液を調製する工程である。ここで測定対象としているのは、遊離型のステロールである。すなわち、食品中に結合型で存在しているステロールはその結合を切り、遊離型にすることで定量が可能になる。そのための主要な方法として①-1 けん化法、①-2 酸分解法の2種類の抽出方法と②精製操作を解説する。また①-1 けん化法及び①-2 酸分解法の分析フローシートの一例を**図 3-2-11** に示す。

　試料の採取量は 0.3～10 g 程度の範囲であり、試料の均質さや脂質含有量を考慮して決める。採取量と溶媒量の比率によっては抽出不足となる可能性があるため、注意が必要である。

①-1 けん化法

　試料をアルカリ処理（水酸化ナトリウム）で直接けん化してステロールのエステル結合を切り、遊離型になったステロールを不けん化物として石油エーテルやジエチルエーテルなどの有機溶媒で抽出する方法である。ステロールの最も代表的な抽出方法であり、様々な食品に対し広く適用されている。けん化はエステル結合を切るだけでなく、食品中に含まれているタンパク質や他の脂質成分といった夾雑物を除去する効果もある。水を加えて液液分配操作も行うが、こちらも同様にマトリックス除去のための工程である。

　なお、食品中に存在する遊離型ステロールのみを分析したい場合は、けん化の工程を行わない。

①-2 酸分解法

　多糖類がもつグリコシド結合はアルカリに安定であることから、①-1 けん化法のみではステロールの抽出効率が低下することがある。それを解消するため、けん化の前に酸処理（塩酸）を行い、多糖類を加水分解する方法である。穀類や芋類等の多糖類を多く含む食品に適用する。

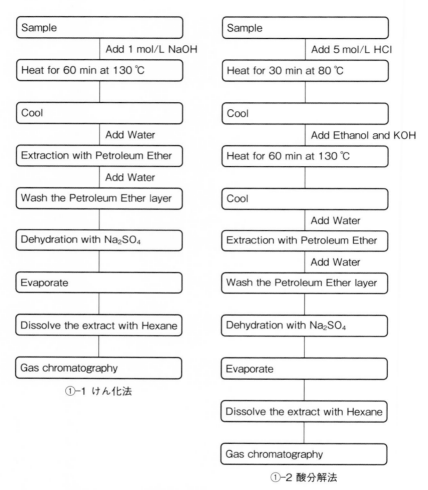

①-1　けん化法

①-2　酸分解法

図 3-2-11　分析フローシート（けん化法と酸分離法）

②精製操作

　①で抽出した試料溶液にあっては夾雑物を多く含み、その後の機器による測定においてステロールの定量に影響を及ぼす場合があり、必要に応じてカラムクロマトグラフィーによる精製操作を行う。カラムは試料溶液中の夾雑物の量やステロール含量によってオープンカラム、もしくは市販の

固相カラム市販品のミニカラムを適用する。カラムの充填剤はシリカゲル
が一般的である。

(3) 機器による測定

　(2) で調製した試料溶液をガスクロマトグラフに注入し、各ステロール
の面積値から含量を求める。ガスクロマトグラフは検出器として水素炎イ
オン化型検出器（FID）、カラムについては無極性、又は低極性のキャピラ
リーカラムの使用が一般的である。この際、内標準物質を用いることで、
定量精度を向上させることができる。段階的に濃度を変えたステロール溶
液に内標準物質を一定量加えたものを標準溶液とし、検量線を作成する。
内標準物質としては、測定対象物質と挙動が同じ、かつ食品中に含まれな
い 5α-コレスタンなどが適切である。又、試料溶液のガスクロマトグラム
中において内標準物質と近似した位置に夾雑ピークがある場合などには、
内標準物質を使用せずに絶対検量線法で定量することもある。

3.2.7　香気成分

　食品の香気成分の前処理法には、様々な手法があり、連続蒸留抽出
（SDE）法を始め、ヘッドスペース（HS）法、固相マイクロ抽出（SPME）
法などが用いられる事が多い。また、食品香気には、微量成分も寄与する
事が多く、SDE 法や Tenax などの吸着剤を用いるダイナミックヘッドス
ペース（DHS）法など濃縮を伴う前処理法が有用である。

　SPME 法は、香気成分分析では高感度が期待出来る吸着型のファイバー
が用いられる事が多く、マトリックスの多い食品サンプルではファイバー
の劣化を抑制するため、そのヘッドスペース相をサンプリングする場合が
多い。一方、スターバー抽出（SBSE）法は、固定相は分配型のポリジメチ
ルシロキサン（PDMS）のみであるが、液相量を多くする事で（SPME の
約 50 倍）、試料との相比を小さくし目的成分の抽出効率の向上を図ってい
る。PDMS は、タフで取り扱い易く、液体の食品サンプルであれば、試料
に浸してサンプリングが可能で、高沸点成分までバランス良く抽出出来る。

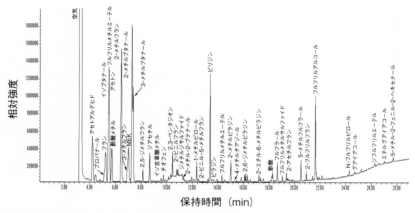

（HS）試料量：10 mL/20 mLバイアル、加熱：80 ℃ 20 min、サンプルループ：3 mL
（GC/MS）カラム：VF-WAXms 60 m, 320 µm, 0.5 µm、オーブン温度：40 ℃（3.5 min）
-8 ℃/min-220 ℃（3 min）
注入モード：スプリット、スプリット比：18：1、注入温度：200 ℃、カラム流量：1.6 mL/
min

図 3-2-12　HS-GC/MS によるコーヒー飲料の TICC

（1）ヘッドスペース（HS）法

　HS 法（スタティック）は、“香り”のバランスが崩れ難く、鼻で嗅いだ“香り”を反映し易い。**図 3-2-12** に、コーヒー飲料を GC/MS で測定したトータルイオンカレントクロマトグラム（TICC）を示した。Air 成分直後から溶出する低沸点化合物の量が多いため、カラムは負荷量の大きい内径 0.32 mm、膜厚 0.5 µm の Wax 系カラムを用い、Acetaldehyde から 5-Methyl-2-phenyl-2-hexenal まで測定出来、微量成分の 4-Methyl thiazole の検出も可能であった。更に、異臭分析にも活用されており、**図 3-2-13** に、素麺の異臭品及び正常品の TICC を示した。異臭品からは油脂の酸化によるアルデヒド類が数多く検出された。

（2）固相マイクロ抽出（SPME）法

　SPME 法は、固定相に目的成分を簡単に抽出・濃縮出来、目的成分の脱離は注入口温度による加熱で行う事が出来る簡便で高感度な手法である。

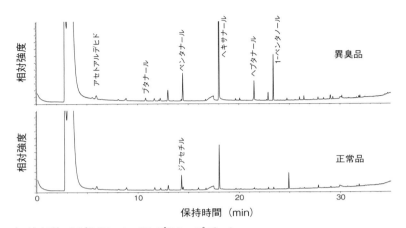

(HS) 加熱：80 ℃ 20 min、サンプルループ：3 mL
（GC/MS）カラム：DB-WAX 60 m, 0.25 mm, 0.5 μm、オーブン温度：35 ℃（5 min）
-5 ℃ /min-180 ℃（0 min）-10 ℃/min-240 ℃（5 min）
注入モード：パルスドスプリット、パルス圧 45 psi、パルス時間 1 min、スプリット比：15：1、
注入温度：200 ℃、カラム流量：1.0 mL/min

図 3-2-13　HS-GC/MS による素麺の異臭品及び正常品の TICC

　図 3-2-14 に、緑茶飲料を GC/MS で測定した TICC を示した。緑茶は爽やかな独特の良い香りがあるが、紅茶や烏龍茶に比較すると香り成分は微量である。そこで、高感度な SPME 法を用い、緑茶を特徴付ける Dimethyl sulfide、Linalool、Geraniol、Indole、Ionone、1-Penten-3-ol、2,4-Heptadienal、ピラジン類、フラン類、ピロール類などが検出された。又、高感度な SPME 法は、カビ臭など嗅覚閾値が低い異臭成分の分析にも適用されている。2-Methylisoborneol（MIB）、Geosmin、2,4,6-Trichloroanisole（TCA）を緑茶飲料に 1 ppt 添加し、GC/MS（スキャンモード）で測定したマスクロマトグラムを**図 3-2-15** に示した。Geosmin、2,4,6-TCA は検出が可能であったが、2-MIB は緑茶のマトリクスの影響があり 1 ppt レベルでは検出出来なかった。
　食品マトリクスにおける微量成分では、シングル四重極（SQ）MS ではこの様に選択性に限界がある事がある。この様な場合、クロマトグラムの分離を改善するか、より選択性の高い MS を使用するかなどのアプローチ

167

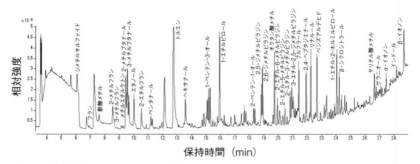

（SPME）試料量：10 mL/20 mLバイアル、SPMEファイバー：DVB/CAR/PDMS、加熱：60 ℃ 30 min
（GC/MS）カラム：VF-WAXms 60 m, 0.25 mm, 0.5 μm、オーブン温度: 40 ℃（4 min)-8 ℃/min-240 ℃（5 min）
注入モード：パルスドスプリットレス、30 psi、1.5 min、注入温度：260 ℃、カラム流量：1.0 mL/min

図 3-2-14　SPME-GC/MS による緑茶飲料の TICC

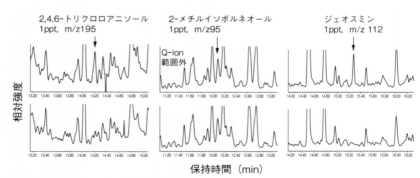

（SPME）試料量：10 mL（塩化ナトリウム3 g）/20 mLバイアル、SPMEファイバー：DVB/CAR/PDMS（2 cm）、加熱: 60 ℃ 30 min
（GC/MS）カラム：HP-5ms　30 m、0.25 mm、0.25 μm、オーブン温度：40 ℃（3 min）-10 ℃/min-280 ℃
注入モード：スプリットレス、2 min、注入温度：270 ℃、カラム流量：1.2 mL/min

図 3-2-15　SPME-GC/MSによる緑茶異臭成分添加品（上図）及び無添加品（下図）のマスクロマトグラム

が必要である。

(3) スターバー抽出（SBSE）法

SBSE 法は、**図 3-2-16** に示すように、撹拌子に PDMS をコーティングし、それをサンプルに入れ、撹拌しながら抽出に用いる手法である。GC/MS への導入は、通常、加熱脱着装置が用いられる。**図 3-2-17** に、桃風味飲料をサンプルとして、HS 法と比較したクロマトグラムを示した。溶出が遅い（揮発性の低い）化合物の分析にも向き、溶媒抽出法に似たクロマトグラムが得られる。固体サンプルでも、水に溶解可能であれば、浸漬法により分析が可能である。通常、室温で抽出が行われる。

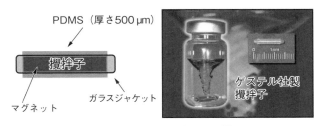

図 3-2-16 SBSE 法による抽出

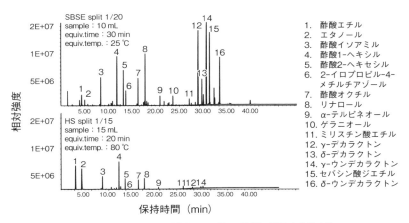

図 3-2-17 SBSE 法と HS 法の比較（桃風味飲料）

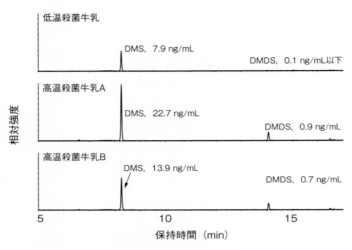

（SBSE）試料量：10 mL/10 mLバイアル、室温、1時間
（TD）加熱脱着温度：180 ℃, クライオフォーカス温度：-150 ℃（スプリットレス）,
CTS2：-150 ℃
（GC/MS）カラム：HP-1　50 m, 0.32 mm, 1.05 μm、オーブン温度：40 ℃（5 min）-5
℃/min-95 ℃（0 min）-20 ℃/min-300 ℃（5 min）

図3-2-18　SBSE-TD-GC/MS による低温殺菌牛乳及び高温殺菌牛乳の SIM クロマトグラム

　牛乳は、加熱殺菌によりジメチルサルファイド（DMS）、ジメチルジサルファイド（DMDS）などが生成し、風味を悪くする事が知られている。**図3-2-18** に、DMS、DMDS の生成を促進する事が無い様に、室温で各種牛乳から抽出した結果を示した。低温殺菌牛乳は、DMS、DMDS の濃度が低い事が分かった。

（4）ダイナミックヘッドスペース（DHS）法

　DHS法は、サンプルを不活性ガスでパージしながら、揮発した香気成分を吸着剤チューブへ濃縮する。水分を含む食品サンプルの場合、撥水性の高い吸着剤である Tenax TA が用いられる事が多い。その後、ドライパージ（吸着剤に付着した水分を除く）を行い、加熱脱着 GC/MS で測定を行う。**図3-2-19** に、コーヒー豆を 30 ℃で加熱し、Tenax TA に 600 mL 捕

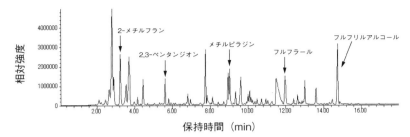

（データ提供: ゲステル株式会社）

（DHS）試料量：1 g、Incubation temp.：30 ℃、Incubation time：5 min
吸着剤：Tenax TA, 600 mL@30 ℃（10 min）
（GC/MS）カラム：DB-WAX、スプリット比：3：1

図 3-2-19　DHS-GC/MS によるコーヒー豆の TICC

集（10 分）し、GC/MS で測定した結果を示した。

(5) 水溶性化合物への適用

　ヘッドスペース相をサンプルリングする HS 法、HS-SPME 法及び DHS
法などの手法では、水系液体食品サンプルでは気-液平衡に則るため、揮
発性が高く、疎水性の高い成分が支配的となる。SBSE 法は、無極性の
PDMS による抽出のため、水溶性化合物は回収率が低い。そのため、水溶
性化合物の回収を高めるため、塩析が用いられる事もある。

　又、HS 法や DHS 法では、Full Evaporation Technique（FET）[1]を用い
る事により、改善が見込まれる。HS 法ではサンプルを数 µL バイアルに入
れ全量気化させ、サンプリングを行う。DHS 法では 100 µL までサンプル
量を増やす事が出来る[2]。全量気化（不揮発性分は残留）により、水溶性
化合物もサンプリングが可能になる。SPME 法では、PEG などの極性ファ
イバーをサンプルに浸漬する事で、水溶性化合物の回収を改善するアプロ
ーチなども考えられる。

3.2.8　食物アレルゲン

　食物アレルギーを誘発する物質（アレルゲン）は、ほとんどが食品中に含まれるタンパク質である。食物アレルギーの症状は、重篤な場合には舐める程度でも引き起こされることから、表示による情報提供の必要性が高まり、2004 年 4 月よりアレルギー誘発物質を含む食品の表示が本格的に義務付けられている[1]。現在では、我が国の発症数と発症の重篤度から判断して、特定原材料 7 品目（卵、牛乳、小麦、そば、落花生、えび、かに）は、全ての流通段階での表示を義務付け、特定原材料に準ずる 21 品目（アーモンド、あわび、いか、いくら、オレンジ、カシューナッツ、キウイフルーツ、牛肉、くるみ、ごま、さけ、さば、大豆、鶏肉、バナナ、豚肉、まつたけ、もも、やまいも、りんご及びゼラチン）については表示を推奨している[1]。消費者庁により表示の監視、検証の目的のための試験法が通知されている（通知法）。なおアレルゲンという言葉は、広義な意味において卵や牛乳といった食品や原材料を示し、狭義な意味において食物アレルギーを引き起こす各タンパク質を示すが、ここでは前者の意味で捉えることにする。

（1）ELISA 法[2-4]

　食物アレルゲン分析は、表示制度を監視する目的で確立されたものであり、アレルゲンの原材料が微量の定義を超えて混入しているかを確かめるために、定量する必要がある。特定原材料タンパク質を簡易で迅速に測定する手法としては、酵素免疫測定法（ELISA 法）が有力である。ELISA 法（サンドイッチ ELISA 法）の原理を**図 3-2-20** に示す。

　試験溶液の調製：均質化した試料 1 g をポリプロピレン製 50 mL 遠心管にとり、検体抽出液 19 mL を加えよく振り混ぜて混合し、振とう機で一晩（12 時間以上）振とう抽出する。振とう後、$3000 \times g$（約 4500 rpm）で 20 分間、室温で遠心したのち、ろ紙でろ過する。ろ液を検体希釈液で希釈し、試験溶液とする。試験溶液の調製のフローチャートを**図 3-2-21** に示す。

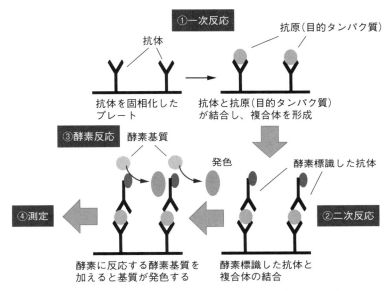

図 3-2-20 ELISA 法（サンドイッチ ELISA 法）の原理

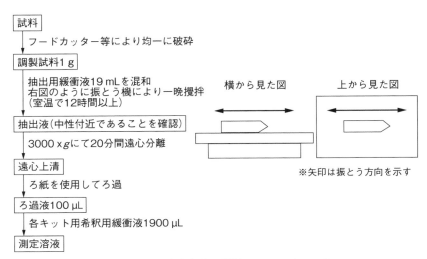

図 3-2-21 試験溶液の調製のフローチャート

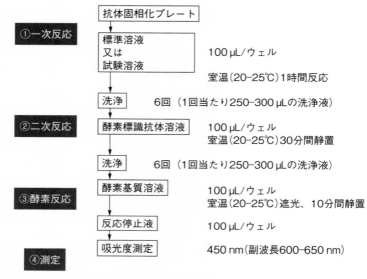

図3-2-22　ELISAキットの操作フローチャート（例）

試験操作：ELISA操作のフローチャートを**図3-2-22**に示す。

①一次反応：抗体固相化プレートの各ウェルに標準溶液及び試験溶液を100μLずつ添加し、室温で正確に1時間静置して反応させる。

②二次反応：ウェル内の溶液を完全に除去し、1ウェル当たり250-300μLの洗浄液で6回洗浄する。酵素標識抗体溶液を各ウェルに100μLずつ添加し、室温で正確に30分間静置して反応させる。

③酵素反応：ウェル内の溶液を完全に除去し、1ウェル当たり250-300μLの洗浄液で6回洗浄する。酵素基質溶液を各ウェルに100μLずつ添加し、室温遮光下で正確に10分間静置して反応させる。その後、反応停止液を各ウェルに100μLずつ添加し酵素反応を停止させる。

④測定：プレートリーダーを用いて主波長450nm、副波長600-650nmの条件で各ウェルの吸光度を測定する。標準溶液の吸光度から検量線を作成し、試料中の目的タンパク質濃度を求める。試験溶液の濃度（ng/mL）と試料中の目的タンパク質濃度（μg/g）の関係は次の式で

求められる。

目的タンパク質濃度（μLg/g）＝試験溶液の濃度（ng/mL）×（抽出時の希釈倍率）×（測定時の希釈倍率）

(2) ウェスタンブロット法[1]

ウェスタンブロット法は、特定原材料タンパク質をポリアクリルアミドゲル電気泳動法で分離し、PVDF膜に転写した後、膜上で抗原抗体反応を行い、タンパク質を検出する方法である。ウェスタンブロット法の原理を

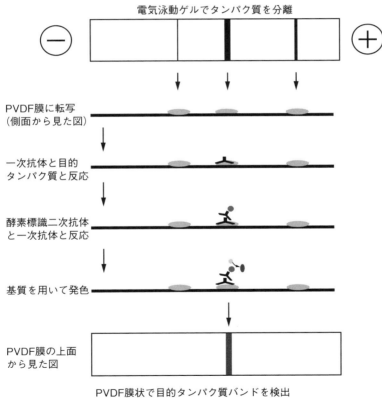

PVDF膜状で目的タンパク質バンドを検出

図 3-2-23　ウェスタンブロット法の原理

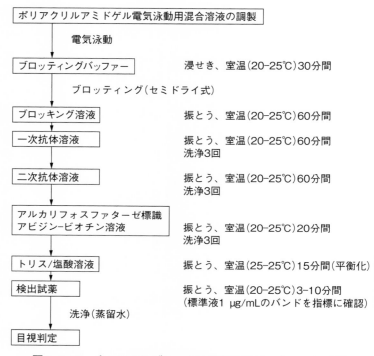

図3-2-24　ウェスタンブロット法の操作フローチャート（例）

図3-2-23に示す。ウェスタンブロット法の操作フローチャートを**図3-2-24**に示す。

　上記のELISA法に関しては、定量法であり測定結果が数値として算出されるが、類似のタンパク質からの同様の反応性（交差反応性）がある場合、数値からは特異的な反応により算出したものかを確認することができない。又、卵及び乳に関しては、鶏卵と鶏肉の遺伝子及び牛乳と牛肉の遺伝子は同一であり、それらが混在している加工食品には特異的なDNA領域を検出する方法（PCR法）は確認方法とはなりえない。ウェスタンブロット法は分子量に関する情報が得られるので、ELISA法よりも特異的な検出が可能である。ただし、卵の場合、卵白アルブミン及びオボムコイドは、卵白の特異的タンパク質であり、卵黄がかなり精製され状態で含まれ

る加工食品には適用できないので注意する必要がある。通知法では、卵及び乳についての確認試験法となっている。

(3) PCR 法[1)5-7)]

　PCR 法は、試料中の DNA を精製し、特異的 DNA 領域を Polymerase Chain Reaction（PCR）反応により増幅し、アガロースゲル電気泳動により分離し、DNA 増幅バンドを検出する方法やリアルタイム PCR 機器を用いて増幅曲線から検出する方法がある。PCR 法の原理を**図 3-2-25** に示す。DNA 抽出のフローチャートの概要を**図 3-2-26** に示す。

　通知法では、小麦、そば、落花生、えび、かにの場合の確認試験法となっている。ELISA 法やウェスタンブロット法はタンパク質を測定する方法であり、植物性食品では近縁種原材料との交差反応性は免れない。しかし、PCR 法は、DNA を検出するため特異性が高く、小麦検知のための PCR 法では、ライ麦、燕麦及び大麦では検出されず、そば検知のための

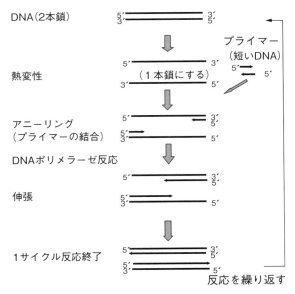

図 3-2-25　PCR 法の原理

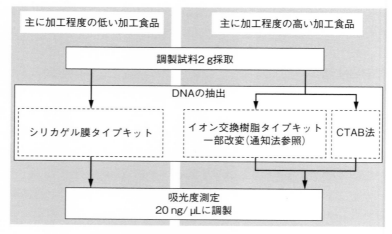

図 3-2-26　DNA 抽出のフローチャート

PCR 法では、小麦、ライ麦では検出されない。落花生検知のための PCR 法では、他のナッツ類や大豆では検出されない。最近は real-time PCR を用いた方法も開発されている。

(4) その他の方法[1)8)]

　動物抗体を用いたイムノクロマト法（ラテラルフロー法）も開発され市販されている。この方法は食品から抽出した溶液をテストストリップ上に滴下し、ELISA 法やウェスタンブロット法と同様の抗原抗体反応により、10–15 分後に陽性ならば目的のバンドが検出される方法で、充実した検査設備が必要なく、簡易で迅速に検査可能である[1)8)]。又、LC–MS/MS を用いた特異的に検出する方法も開発されている。

3.3　食品中の異物等

3.3.1　農薬

　食品に含まれる可能性のある危険な物質は何かと問う様な消費者へのア

ンケートでは、「残留農薬」は常に高位に位置している。一方、専門家への同様のアンケートでは一転して低い位置にある。この現状は何を意味しているのかと考えると、食品の安全は確立出来るとしても、安心を同時に得る事は難しいと言う事である。なかなか市民権を得られない「残留農薬」ではあるが、専門家としては規制状況を保ち、規制体制を維持し続ける様に努力する事が大切である。

　本項では、最初に農薬を取り巻く規制について解説する。次に、食品中の残留農薬分析について解説し、注意点等を紹介する。食品中の残留農薬分析は、多くの夾雑物の中の微量成分［ppb（μg/kg）〜ppm（mg/kg）］を測定しなくてはならない。食品によって夾雑物が異なるため、時として分析の困難な試料に出会す事がある[1]。

（1）農薬の安全性確保に関する法制度
①農薬取締法[2]（昭和23年制定）
・農薬について登録制度を規定
・農薬の定義：農薬取締法で規定されている殺虫・殺菌・除草・生育調節活性などを有する薬剤で、薬効・薬害・安全性等の膨大な試験を実施し、厳密な審査を受け（人や環境に対するリスク評価を実施し）、合格し、国の農薬登録を取得した薬剤。一般家庭や畜舎で害虫駆除に用いられる薬剤、ポストハーベスト農薬や無登録農薬などの農薬登録を有していない薬剤は農薬として取り扱われない。
②食品衛生法[3]（昭和22年制定、ポジティブリスト制、平成18年導入）
・目的：食品の安全性の確保のために公衆衛生の見地から必要な規制その他の措置を講ずる事により、飲食に起因する衛生上の危害の発生を防止し、もつて国民の健康の保護を図る事。
・残留農薬基準を設定（食品の成分規格の1つ）。基準が設定されていない農薬等が残留する食品の流通禁止を導入（ポジティブリスト制）。
③食品安全基本法[4]（平成15年制定）
・目的：食品の安全性の確保に関し、基本理念を定め、関係者の責務及び役割を明らかにすると共に、施策の策定に係る基本的な方針を定め

る事により、食品の安全性の確保に関する施策を総合的に推進する。
・基本理念：1.　国民の健康の保護が最も重要であると言う基本的認識、2.　食品供給行程の各段階、3.　国際的動向及び国民の意見に配慮しつつ科学的知見に基づき、食品の安全性の確保のために必要な措置が講ぜられる事。

(2) 分析方法

　残留農薬分析の基本操作は４段階（①試料調製、②抽出、③精製、④定量）に分類される。各工程について、解説する。

①試料調製

　分析に用いる採取試料が全体を反映させる様に、分析試料の広範囲から分取して調製する必要がある。分析に供する試料部位は、試験の目的によって異なる。

　試料の種類に応じて調製器具は使い分けて、器具の使い回しによる汚染には十分気を付ける。調製に使用する器具は分解及び洗浄が出来るタイプのものを使用する。

　試料は速やかに分析に供する事が望ましいが、諸事情により試料を保存する場合には、保存期間・条件における分析対象化合物の分解や損失がない事を担保するデータを取得する必要がある（保存安定性確認試験の実施）。

②抽出

　分析対象化合物（農薬）を確実に試料から抽出するために、抽出効率の高い溶媒を使用する。通常は、公定法（告示や通知）[5]で採用されている溶媒を使用する。抽出後の抽出液には、目的成分以外にも多くの夾雑物成分を含む事になる。抽出効率は、添加回収試験で判断する事は難しい。公定法を検討する場合には、農薬の登録の段階で放射性化合物を使用して試験を行う植物代謝運命試験での抽出方法を参考としている。抽出方法を変更する場合には、実際に農薬が残留している試料（実残留試料）を用いて検討する必要がある。故に、実験操作の簡便性のみを追求して、安易に抽出方法を変更してはならない。

表 3-3-1　夾雑物の種類と精製手法の関係[1]

夾雑物の種類	精製の手法
極性・非極性の夾雑物	液々分配、多孔性ケイソウ土カラム、塩析処理等
酸性・塩基性の夾雑物	液体間分配（酸性条件又は塩基性で溶媒転溶）
脂質（油脂類）	アセトニトリル/ヘキサン分配、多孔性ケイソウ土カラム、C_{18}、GPC 等
色素（葉緑素等）	GCB（グラファイトカーボン）、活性炭、C_{18}、GPC 等
その他の微量夾雑物	シリカゲル、フロリシル、アルミナ、NH_2、C_{18}、PS_2 等

③精製

　精製操作では、抽出段階で大量に含まれている夾雑物を各種操作により目的成分と分離する。精製は大きく2つに分類される。カラムクロマトグラフィーと、それ以外である。それ以外に含まれる操作としては、液々分配（水/有機溶媒、アセトニトリル/ヘキサン）、誘導体化、凝固処理（塩化アンモニウム＋リン酸、酢酸亜鉛）、酢酸鉛を用いるタンニン処理などがある。夾雑物の種類による精製手法の選択例を**表 3-3-1** に示す。

　カラムクロマトグラフィーにはガラス製クロマトグラフィー管に充填剤を充填したオープンカラムと、予め充填剤をポリスチレン製のカートリッジに充填した市販のミニカラムがある。オープンカラムとミニカラムには各々に利点と欠点があるが、最近では実験室環境の改善、分析操作の簡便化などからミニカラムの使用が主流である。ミニカラムは充填剤の量が少ないため、負荷量に制限があり、細かな分画をする事が難しいので、**図3-3-1** に示す参考分析法（多成分一斉分析法）の厚生労働省通知法ではフィルターの様な使い方をしている。又、海外で広く採用されている通称QuEChERS[6]（**図3-3-2**）は充填剤をそのまま添加する分散法を採用している。

④定量

　農薬標準品を測定機器に注入して検量線を作成し、試料溶液中の残留農薬を定量する。残留農薬分析における一般的な検量線は、厚生労働省の通知法では絶対検量線法が推奨されている。得られたクロマトグラムの強度（ピーク面積若しくはピーク高さ）と農薬の注入量（重量）の検量線（1次

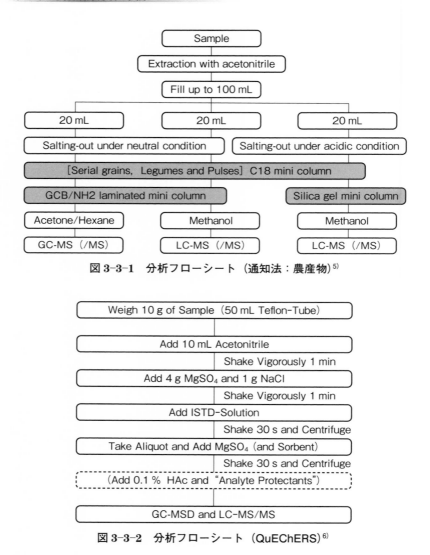

図3-3-1　分析フローシート（通知法：農産物）[5]

図3-3-2　分析フローシート（QuEChERS）[6]

回帰式）を作成する。

　他の検量線法としては、内標準物質を使用する内標準法、試料成分を含んだマトリックス検量線法や標準添加法が使われている。何れにおいても、

基準となる検量線を作成する標準溶液に問題があってはならないので、その調製や保存には十分に注意を要する。

　下記に主に使用する測定機器を示す。1980 年代までは、残留農薬分析では GC 主流の時代があった。その後、HPLC の開発が進み、特にその付属品である HPLC カラムの発展で残留農薬分析でもその使用が増えた。更に、大気圧イオン化法を搭載した LC–MS が登場して、その使用頻度は大きく飛躍した。現在では、質量分析計との複合機である LC–MS（/MS）や GC–MS（/MS）が主流となっている。食品中の残留農薬の規制の強化も伴い、残留農薬分析は多成分一斉分析へと移行して来た。但し、LC–MS（/MS）や GC–MS（/MS）ではなく、HPLC や GC（選択型検出器）もその用途によっては需要があるため、分析の目的や状況によって使い分ける必要があると思われる[7]。

　・GC：検出器；FPD（P、S）、ECD、FTD、NPD
　・HPLC：検出器；UV 検出器、蛍光検出器
　・GC–MS（/MS）：イオン化法；EI、CI
　・LC–MS（/MS）：イオン化法；大気圧イオン化法（ESI、APCI、APPI）

3.3.2　動物用医薬品

　動物用医薬品として、主に抗生物質や合成抗菌剤などの抗菌性物質が用いられ、それ以外には駆虫剤やホルモン剤も用いられている（**図 3-3-3**）。これらの薬剤は畜水産物の安定した生産、供給のための疾病治療用途の医薬品としてだけでなく、飼料効率改善、成長促進などの目的で飼料添加物としても広く使用されており、それらが適切に管理、使用されることにより食品の安全が確保されている。しかし、処方や飼料への添加の間違い、休薬期間を誤るなどの誤使用がされると最終的な食品に残留することが懸念される。

　本項では、動物用医薬品及び飼料添加物として主に用いられる抗菌性物質の分析について解説する。

　抗菌性物質が残留している食品をヒトが摂取した際、農薬同様に有害物

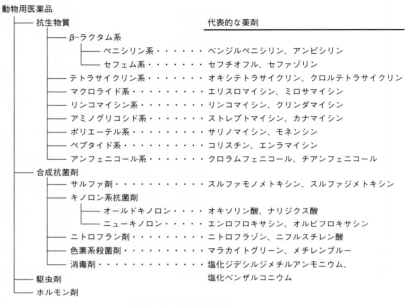

動物用医薬品

```
├── 抗生物質                           代表的な薬剤
│     ├── β-ラクタム系
│     │     ├── ペニシリン系・・・・・・ベンジルペニシリン、アンピシリン
│     │     └── セフェム系・・・・・・・セフチオフル、セファゾリン
│     ├── テトラサイクリン系・・・・・・・オキシテトラサイクリン、クロルテトラサイクリン
│     ├── マクロライド系・・・・・・・・・エリスロマイシン、ミロサマイシン
│     ├── リンコマイシン系・・・・・・・・リンコマイシン、クリンダマイシン
│     ├── アミノグリコシド系・・・・・・・ストレプトマイシン、カナマイシン
│     ├── ポリエーテル系・・・・・・・・・サリノマイシン、モネンシン
│     ├── ペプタイド系・・・・・・・・・・コリスチン、エンラマイシン
│     └── アンフェニコール系・・・・・・・クロラムフェニコール、チアンフェニコール
├── 合成抗菌剤
│     ├── サルファ剤・・・・・・・・・・・スルファモノメトキシン、スルファジメトキシン
│     ├── キノロン系抗菌剤
│     │     ├── オールドキノロン・・・・オキソリン酸、ナリジクス酸
│     │     └── ニューキノロン・・・・・エンロフロキサシン、オルビフロキサシン
│     ├── ニトロフラン剤・・・・・・・・・ニトロフラゾン、ニフルスチレン酸
│     ├── 色素系殺菌剤・・・・・・・・・・マラカイトグリーン、メチレンブルー
│     └── 消毒剤・・・・・・・・・・・・・塩化ジデシルジメチルアンモニウム、
│                                       塩化ベンザルコニウム
├── 駆虫剤
└── ホルモン剤
```

図 3-3-3　主な動物用医薬品

質として直接的にヒトに健康被害を及ぼす場合に加え、ヒトの疾病治療にも用いられる抗菌性物質もあることから薬剤耐性菌の出現などが問題となることもあり、食品中の残留の有無を確認することは食品衛生上非常に重要である。

　動物用医薬品も農薬と同様に食品衛生法（ポジティブリスト制）において食品への残留基準が定められている。農薬の場合は、残留基準が定められているものはその基準に従って規制され、定められていないものについては一律基準（0.01 ppm）を超えて残留する食品が規制される。しかしながら抗菌性物質については、「食品は、抗生物質又は化学合成品たる抗菌性物質を含有してはならない」（一部中略）と規定されており、残留基準が設定されていない抗菌性物質に一律基準は適用されない。実際には「含有していない（ゼロであること）」ことを分析において証明することはできないため、少なくとも公示試験法（告示試験法または通知試験法）とし

て発出されている試験法[1]の定量限界において検出されないことを確認する必要がある。

(1) 分析方法

動物用医薬品の分析については非常に低い定量限界を求められるものが多いことから、残留農薬の分析と同様に試料からの抽出、精製などの試験溶液の調製は非常に重要である。

又、抗生物質の中には単一成分ではなく、複数の異性体の混合物であるものがあること（例えば、ゲンタマイシンは側鎖が異なるゲンタマシン C_1、C_{1a}、C_2、C_{2a} などの混合物として使用されている）が分析法構築を困難にすることもある。

抗菌性物質の分析手法として、微生物学的試験（マイクロバイオアッセイ）と理化学的試験がある。微生物学的試験は特に抗生物質に対してこれまで広く使われてきたが、最近では分析機器や精製技術の進歩もあり理化学的試験に移りつつある。

(2) 抽出・精製

分析対象物質の抽出及び精製は基本的には農薬分析と同様の原理・手法で行う。抽出溶媒は通常は公示試験法で採用されている溶媒を用いる。抗菌性物質は高極性及びイオン性の成分が多いことから抽出には水系やメタノール、アセトニトリル、アセトンなどの水溶性有機溶媒を用いることが多い。精製には液々分配やカラムクロマトグラフィーなどの手法が用いられるが、薬剤ごとに極性などの物性が大きく異なるものがあることから、充填剤や溶媒の種類は薬剤の特性に合わせて適切なものを検討する必要がある。又、抗菌性物質の中には肝臓や腎臓などの試料中に含まれる酵素により試料調製中に分解するものがあるため、その影響を酸処理などにより除去しなければならない場合がある。試験に使用する器具や測定機器配管などの種類によっては吸着しやすい薬剤もあり、それらの材質が試験に影響を及ぼすこともあるため注意を要する。

（3）微生物学的試験

　抗菌性物質はその名の通り微生物の増殖を抑制する作用をもつことから、微生物学的試験はその特性を利用した分析手法である。抗生物質の分析には古くから用いられており、菌を添加した寒天培地を用いる寒天平板培養法が主に用いられる。使用する菌種は、分析しようとする抗生物質の抗菌スペクトルに応じて選択し、培地はその菌種に適したものを選択する。

　寒天平板培養法の中には、主にペーパーディスク法、円筒平板法、穿孔平板法がある。

①ペーパーディスク法

　畜水産物中の抗生物質残留試験には残留抗生物質簡易検査法[2]と呼ばれる方法がよく用いられており、厚生労働省の畜水産食品の残留有害物質モニタリング検査でも採用されている。残留抗生物質簡易検査法では3種類の菌（*Bacillus subtilis*、*Bacillus mycoides*、*Micrococcus luteus*）を用いることとされており、幅広い種類の抗生物質の検出が可能となっている。**図3-2-4** のように、菌を加えた寒天培地を凝固させた平板上に試験溶液を浸した直径 10 mm、厚さ 1.1 mm のペーパーディスク（ろ紙）を置き、培養後にペーパーディスクの周囲の阻止円（菌の発育が阻害された部分）の有無を確認するものである。精製処理を行わないため簡便で、多数の試料を

左側は抗菌性なし、右側は抗菌性（阻止円）あり
図3-3-4　ペーパーディスク法

一度に検査できる利点があり、スクリーニング法として米国や EU でも広く利用されている（菌や培地の種類は各国で異なる）。一方で、検出した場合（阻止円が形成された場合）にどの菌株の平板で検出したかにより抗菌性物質群の推測はできるものの、抗菌性物質を同定することは困難であること、抗生物質の種類によって菌への感受性（感度）が異なっており[3]、種類によっては検出感度が十分でないなどの欠点もある。

②円筒平板法、穿孔平板法

円筒平板法は、菌を加えて凝固した寒天平板上にステンレス製の円筒（外径 8 mm、内径 6 mm、高さ 10 mm）を置き、その円筒に試験溶液を分注して培養するものである（**図 3-3-5**）。又、穿孔平板法は凝固した平板上に円筒を置くかわりに直径 8 mm の孔をあけ（穿孔）、そこに試験溶液を分注して培養するものである（**図 3-3-6**）。いずれの方法も培養した後に円筒、又は穿孔の周囲に生じる阻止円（**図 3-3-7**）の有無で抗菌性物質残留の有無を確認する。また標準溶液を用いると、標準溶液の濃度（C）と阻止円径の直径（d）は以下の関係を示すため、そこから検量線を作成することで検出した抗菌性物質を定量することができる。

$$d = \alpha \log C + \beta \quad （\alpha、\beta は定数）$$

これらの手法は、日本薬局方における抗生物質製剤の力価試験（含量試

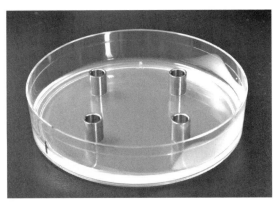

図 3-3-5　円筒平板法

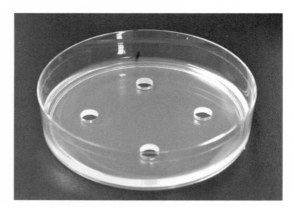

図 3-3-6　穿孔平板法

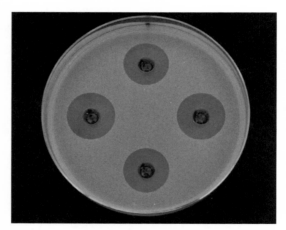

図 3-3-7　穿孔平板法における阻止円形成平板の例

験）にも採用されている。

　抗生物質は前述の通り、必ずしも単一物質ではなかったり、純度の高い
標準品の入手が困難であったりしたことなどから、含量を力価で表すこと
も多い。微生物学的試験はまさに力価を測定する試験であり、特に単一で
ない成分については有効である。一方でペーパーディスク法と同様に、検
出した場合に薬剤の同定ができないという欠点がある。又、定量的に含量

測定を行う場合には試料中の夾雑物の影響をできるだけ除外する必要があり、理化学的試験同様に精製処理工程が必要となる。

(4) 理化学的試験

高速液体クロマトグラフ（HPLC）の進歩により、紫外可視分光検出器や蛍光検出器を用いた分析法が開発されてきた。更に近年は質量分析計（MS）の進歩がめざましく動物用医薬品残留試験にも広く利用され、厚生労働省から発出される公示試験法においても高速液体クロマトグラフ-タンデム型質量分析計（LC-MS/MS）を用いた試験法が多く採用されている[1]。農薬分析ではガスクロマトグラフ（GC）法や質量分析計を検出器とした GC-MS（/MS）法も用いられるが、動物用医薬品は揮発性がないか低いものが多いためほとんど用いられない。

LC-MS/MS 法は LC で測定成分を他の成分と分離した後、プリカーサーイオンのみを選択的に通過させ、コリジョンセル内で不活性ガスと衝突させて生じたプロダクトイオンを選択的に検出するため選択性が高い。更に複数生じた別のプロダクトイオンも測定することにより、選択性を高めることができる。機器の高感度化と高い選択性から非常に高感度の分析が可能となり、食品中の動物用医薬品の微量分析には大変有効である。しかし、試料中の夾雑成分の影響で測定成分のイオン化が抑制されたり（サプレッション）、逆に促進されること（アクセレレーション）があるため、精製工程は必要である。また、抗生物質には単一成分でないものが存在するが、それらを理化学的試験で分析する場合には異性体ごとの標準物質が必要となる。しかし、実際には入手できない薬剤もあることがしばしば障害となる。

3.3.3 食品添加物

食品添加物は食品の製造過程又は加工、保存の目的で食品に添加、混和、浸潤などによって使用され、食品の風味及び外観の向上、保存性の向上、栄養成分の強化などが主な役割である。

表 3-3-2　よく使用される食品添加物例

分類	主な成分名
保存料	安息香酸、ソルビン酸及びそれらの塩 デヒドロ酢酸ナトリウム パラオキシ安息香酸エステル類
漂白剤	二酸化硫黄及び亜硫酸塩類
着色料	合成タール系色素
発色剤	亜硝酸ナトリウム
甘味料	アスパルテーム、アセスルファムカリウム
品質保持剤	プロピレングリコール

　食品添加物は、厚生労働大臣が安全性と有効性を確認して指定した指定添加物、一般に食品として飲食に供されているもので添加物として使用される既存添加物、天然香料、一般飲食物添加物に大別され、使用基準が定められている食品添加物はその基準を遵守しなければならない。

　本項では、指定添加物のうち、よく使用される保存料、漂白剤、着色料、発色剤、甘味料、品質保持剤（**表 3-3-2**）について機器分析による定量法を概説する。

　公定法として定められる「食品中の食品添加物分析法[1]」には分析対象物毎に分析法が記載されている。一般には同じような性質をもつ物質を複数組み合わせて使用されるため、これらの成分を同時に抽出後、一斉に定性及び定量分析ができるように改良した分析法も多い。機器を用いる測定法として分光光度法、高速液体クロマトグラフィー（HPLC）及びガスクロマトグラフィー（GC）による測定が主流である。HPLC による測定では主として逆相カラム（ODS カラム）が用いられ、検出器としてフォトダイオードアレイ検出器（PDA 検出器）、紫外可視分光光度検出器（UV/Vis 検出器）及び蛍光検出器がよく利用される。又、GC による測定では主として微極性、又は強極性のキャピラリーカラムが用いられ、検出器として水素炎イオン化検出器（FID 検出器）が利用される。更に、近年は技術の進歩によりシングル、又はタンデム型の質量分析計が検出器として選択されることが多くなっている。

（1）保存料（安息香酸、ソルビン酸及びそれらの塩、デヒドロ酢酸ナトリウム、パラオキシ安息香酸エステル類）

　公定法[2]は水蒸気蒸留により比較的妨害成分が少ない試験溶液を得て、HPLC にて測定する方法が採用されている（**図3-3-8**）。しかし、タンパク質や脂質を多く含有する食品試料ではパラオキシ安息香酸メチルやパラオキシ安息香酸エチルの回収率が低くなる傾向があるため、注意を要する。また、透析抽出法も有効な手法であるが、脂質含量が高い食品やガムベースを含む食品では抽出不足に陥る傾向がある。その他、様々な食品に対応できるように 60 %（V/V）メタノール溶液を用いてホモジナイズ、振とう及び超音波処理を組み合わせた溶媒抽出を用い、試験溶液を調製する手法も有効である。ただしこの場合、試料に由来する測定妨害物質となりえる夾雑物も抽出されるため、後工程として適宜精製操作が必要となる。

　HPLC による保存料の測定では分離カラムとして ODS カラムを用いた逆相系の分離条件で行い、PDA 検出器（230～260 nm の最適波長）を用い

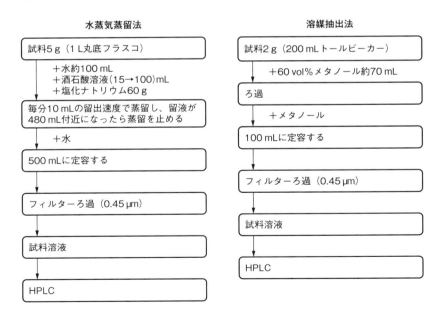

図 3-3-8　保存料の分析法フローチャート

て測定するほか、LC/MS による測定も可能である。なお、安息香酸、ソ
ルビン酸及びデヒドロ酢酸ナトリウムを測定する場合、移動相の pH を 4.0
付近に調製（イオン抑制）することでこれらの成分の疎水性が増大し、
ODS カラムへの保持が良好となる。又、確認試験法として GC/MS による
保持時間とマススペクトルの確認も有効であり、公定法に条件が記載され
ている。ただし、GC/MS にて確認試験を実施する場合、試験溶液に水が
含まれると目的物質のピークがテーリングするため、試験溶液の溶媒を公
定法の確認試験法に従ってアセトンに変更する操作が必要である。
　一般的に食品に使用される場合はソルビン酸カリウムや安息香酸ナトリ
ウムなどいわゆる「塩」の状態が多いが、実際に HPLC では遊離のソルビ
ン酸、安息香酸で測定される。そのため、カリウム塩、ナトリウム塩とし
て含量を求める場合は分子量を乗じて算出する必要がある。

(2) 漂白剤（二酸化硫黄及び亜硫酸塩類）

　二酸化硫黄及び亜硫酸塩類は主として食品素材に含まれる色素成分を漂
白するために用いられるほか、ワインなどにおいて酸化防止剤として使用
される。抽出法としては改良ランキン装置を用いた通気蒸留法が公定法[3]
に採用されており、試料中の含量に応じてアルカリ滴定法、又は比色法で
測定する（**図3-3-9**）。又、これらの成分は亜硫酸ガスとして揮発するため、
試料は素早く均質化する必要があるほか、試料中の酸化性物質や溶存酸素
により測定対象である亜硫酸が硫酸に酸化されると測定できなくなること
に注意する。
　アルカリ滴定法は主に試料中の含量として 0.1 g/kg 以上含まれる場合に
使用すると規定され、高含量の試料に対しては簡便に測定が可能である。
しかし、アルカリ滴定法の定量下限 0.1 g/kg は、食品添加物使用基準に照
らした判定をするには適切ではない。又、試料中の含硫成分により通気蒸
留中にアジ化ナトリウム存在下にて亜硫酸が二次的に生成することが報告
されている[4]。そのため比色法による測定において、定量値のバラツキが
大きく、二次的な生成が疑われる場合はアジ化ナトリウムを添加せずに通
気蒸溜すると良い。

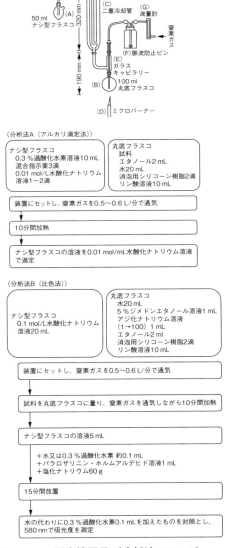

<figcaption>図 3-3-9　測定機器及び分析法フローチャート</figcaption>

　その他の測定方法として強アニオンカラムを用いたイオンクロマトグラフィーにより測定が可能である。この場合は検出器として UV 検出器（210 nm）、又は電気伝導度検出器を用いるが、UV 検出器の測定波長 210 nm 付近では試料由来の夾雑成分、電気伝導度検出器では硫酸イオンやリン酸イオンにより測定妨害となりうる場合がある。そのため、検出原理の異なる検出器で確認し、妨害成分によるピークの誤認をしないよう注意を要する。

(3) 着色料（合成タール系色素）

　合成タール系色素は国内では 12 色の使用が認められている。これら 12 色は酸性タール色素とも呼ばれ、化学構造からアゾ系（赤色 2 号、赤色 40 号、赤色 102 号、黄色 4 号、黄色 5 号）、トリフェニルメタン系（緑色 3 号、青色 1 号）、キサンテン系（赤色 3 号、赤色 104 号、赤色 105 号、赤色 106 号）、インジゴイド系（青色 2 号）に大別される。又、これらを水に不溶な状態にしたアルミニウムレーキ体も使用される。使用基準には量的な制限はないため、本項目は定性試験を行い、使用の有無を確認する。

　基本的に試料は水、エタノール又はアンモニア・エタノール溶液で抽出する。タンパク質含量が高い食品では着色料が吸着し、抽出が難しいのでアンモニア・エタノールを使用すると良い。又、アルミニウムレーキ体の存在が疑われる場合、抽出時に塩酸酸性にすることで抽出率が向上する。抽出液はポリアミドを用いたカラムクロマトグラフィー、又は羊毛を用いた毛糸染色[5]により精製後、薄層クロマトグラフィー（TLC）又は PDA 検出器付き HPLC にて測定する（**図 3-3-10**）。TLC にはセルロース、シリカゲル、逆相シリカゲルの担体を塗布した TLC プレートを使用し、標準品との色調及び Rf 値（溶媒の移動距離と分析対象スポットの移動距離の相対値）の比較にて判定する。PDA 検出器付き逆相 HPLC では、標準溶液とのピークの保持時間及び吸収スペクトルを比較して判定する。測定感度は HPLC の方が良好であるが、TLC は簡便に判断できるほか、色素のスポット以外に分解物や不純物などのスポットも同時に確認、又は推定できるメリットがある。なお、海外から輸入される食品においては食品衛生法

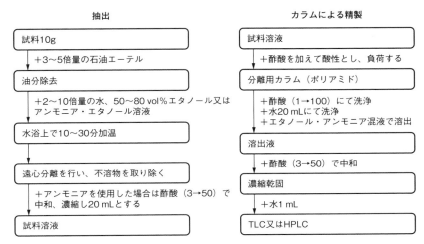

図 3-3-10　着色料の分析法フローチャート

にて許可されていない着色料が使用されていることもあり、TLC 又は
PDA 検出器付き逆相 HPLC により許可されていない着色料も検出するこ
とが可能である。食品衛生法にて許可されていない着色料であるか否かを
確認するためには標準品とのスポットの色調や Rf 値の比較、又は PDA に
よるスペクトルを比較するほか、LC/MS にて測定するなど複数の測定結
果を用いて判断することが望ましい。

(4) 発色剤（亜硝酸ナトリウム）

　亜硝酸ナトリウムは食肉、魚肉などの血色素であるヘモグロビンやミオ
グロビンに作用し、加工及び保存途中における変色又は退色を防ぎ、鮮明
な赤色を維持するほか、風味の醸成効果、ボツリヌス菌やリステリア菌な
どの食中毒菌の発育阻止効果の役割も兼ね、主に食肉製品、魚肉製品、す
じこ、たらこに利用される。公定法では遊離の亜硝酸イオンを分析対象と
し、生体組織に結合した亜硝酸は分析対象とはしていない。

　食品中の亜硝酸イオンは約 80℃の熱水と 0.5 mol/L 水酸化ナトリウム溶
液で抽出する（図 3-3-11）。抽出液に酢酸亜鉛を添加して水酸化亜鉛のコ

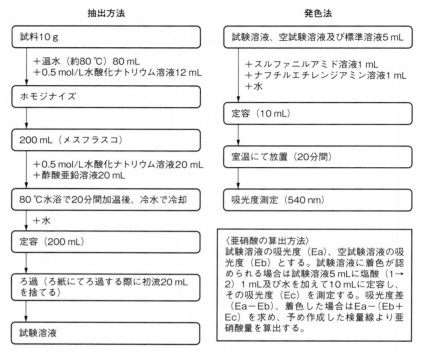

抽出方法

```
試料10 g
  ↓ ＋温水（約80 ℃）80 mL
  ↓ ＋0.5 mol/L水酸化ナトリウム溶液12 mL
ホモジナイズ
  ↓
200 mL（メスフラスコ）
  ↓ ＋0.5 mol/L水酸化ナトリウム溶液20 mL
  ↓ ＋酢酸亜鉛溶液20 mL
80 ℃水浴で20分間加温後、冷水で冷却
  ↓ ＋水
定容（200 mL）
  ↓
ろ過（ろ紙にてろ過する際に初流20 mL
を捨てる）
  ↓
試験溶液
```

発色法

```
試験溶液、空試験溶液及び標準溶液5 mL
  ↓ ＋スルファニルアミド溶液1 mL
  ↓ ＋ナフチルエチレンジアミン溶液1 mL
  ↓ ＋水
定容（10 mL）
  ↓
室温にて放置（20分間）
  ↓
吸光度測定（540 nm）
```

〈亜硝酸の算出方法〉
試験溶液の吸光度（Ea）、空試験溶液の吸光度（Eb）とする。試験溶液に着色が認められる場合は試験溶液5 mLに塩酸（1→2）1 mL及び水を加えて10 mLに定容し、その吸光度（Ec）を測定する。吸光度差（Ea－Eb）、着色した場合はEa－（Eb＋Ec）を求め、予め作成した検量線より亜硝酸量を算出する。

図 3-3-11　亜硝酸ナトリウムの分析法フローチャート

ロイドを形成し、タンパク質などの夾雑物をコロイドに吸着除去させることで澄明な試験溶液を得る。なお、試験溶液の着色が著しく、正しく測定できない場合は試験溶液に活性炭（試験溶液 1 mL に対して約 0.01 g）を混合し、No.5C のろ紙にてろ過すると良い。ただし、活性炭の微粉末が試験溶液中に残ると吸光度が高くなるため、活性炭を用いた場合は孔径 0.45 μm メンブランフィルターを用いてろ過することが望ましい。

　得られた試験溶液にスルファニルアミドを添加してジアゾニウム塩を生成させ、これにナフチルエチレンジアミンとカップリング反応させたアゾ色素の吸光度を可視光（540 nm）にて測定する。本法の定量下限は 0.2 mg/kg と感度良く分析できるが、試料中にアスコルビン酸などの還元性物質が共存する場合は亜硝酸が還元されて吸光度が低くなり、正しい測定値が

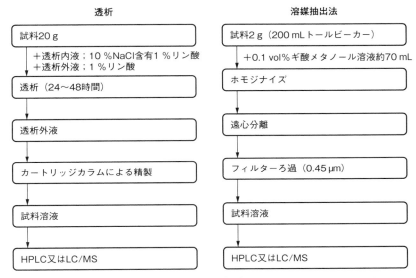

透析

試料20 g	

　＋透析内液；10 %NaCl含有1 %リン酸
　＋透析外液；1 %リン酸

透析（24～48時間）

透析外液

カートリッジカラムによる精製

試料溶液

HPLC又はLC/MS

溶媒抽出法

試料2 g（200 mLトールビーカー）

　＋0.1 vol%ギ酸メタノール溶液約70 mL

ホモジナイズ

遠心分離

フィルターろ過（0.45 μm）

試料溶液

HPLC又はLC/MS

図 3-3-12　甘味料の分析法フローチャート

得られないことに留意されたい。

(5) 甘味料（アスパルテーム、アセスルファムカリウム）

　甘味料は食品に甘味を与える目的で使用される物質で、化学的合成品と天然甘味料に大別される。本項では化学的合成品で飲料などによく使用されるアスパルテームとアセスルファムカリウムについて概説する。

　アスパルテームとアセスルファムカリウムは共に低分子の水溶性成分であるため、透析により抽出液を調製する（**図 3-3-12**）。その他、水及びメタノールの混合溶媒に溶解、又はホモジナイズした後に No.5C のろ紙にてろ過し、抽出液を調製することもできる。なお、アスパルテームの安定領域は pH 3～5 であるため、透析内液や抽出液の pH はリン酸やギ酸を用いて調整すると良い。又、透析操作においては透析チューブの有効長を長く変更することで、これまで24時間以上必要であった透析時間が4時間程度に短縮される改良透析法も報告されている[6]。得られた抽出液は逆相系

HPLC 条件を使用して分離し、UV 検出器（210〜230 nm）を使用して定量する。なお、共存物質による測定妨害が認められる場合は C_{18} カートリッジカラム及びイオン交換カートリッジカラムによる精製が有効である[7]。更に、PDA 検出器で妨害成分が認められる場合は試験溶液を適宜希釈してより高感度な LC/MS で測定することで、精製工程の手間が省け、簡便に定量することが可能となる。

　近年はアスパルテームと類似の構造をもつ高甘味度甘味料としてアドバンテーム、ネオテーム、アリテームの使用が認められている。これらの高甘味度甘味料も同様に抽出することが可能であるが、食品中に極めて微量（ppb レベル）しか含有されておらず、UV/Vis 検出器付き HPLC を用いた測定では測定が困難な場合が多い。そのため、濃縮精製工程などの工夫だけでなく、より選択性及び高感度な LC–MS/MS による測定が有効である。

（6）品質保持剤（プロピレングリコール）

　プロピレングリコールは化学構造的に安定で、わずかに甘味がある無臭

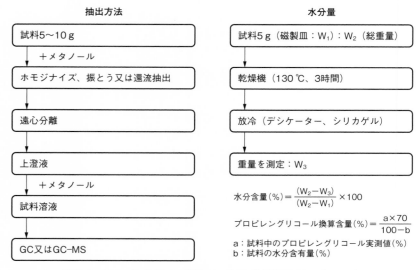

図 3-3-13　プロピレングリコールの分析法フローチャート

の無色透明な粘稠な液体である。主に保湿性をもたせるために生麺、いかくん製品、餃子、シュウマイ、春巻及びワンタンの皮などに使用されるほか、加工時に溶剤としても用いられている。

プロピレングリコールは試料にメタノールを加え、還流、振とう又はホモジナイズにて抽出する（**図3-3-13**）。得られた抽出液は遠心分離し、上澄液にメタノールを加えて定容後、GCにて測定する。なお、共存物質などによる妨害が認められる場合はGC/MSにて測定することで、精度良く定性及び定量が可能である。

食品衛生法で定められる使用基準について、生麺及び餃子の皮類においては製品中の水分含量が30％以上として設定されている[8]。しかし流通の過程で多少の水分の減少が認められる場合があるため、特に使用基準違反が疑われる際は水分を測定し、水分含量30％換算値にて判断する必要がある。

3.3.4 ダイオキシン類とPCB

ダイオキシン類とPCBは、代表的な有機塩素系の環境汚染物質である。これらの物質は、人の健康や環境への有害性が確認されているため、残留性有機汚染物質（POPs：Persistent Organic Pollutants）として「POPsに関するストックホルム条約」（POPs条約）により、国際的な規制が進められている。人は主に食品を通じてダイオキシン類を摂取することが知られており、日本人の場合、魚介類からの摂取量が全体の約9割を占めていることが知られている。ダイオキシン類は食物連鎖の高位の生物の脂肪組織や肝臓に蓄積されやすく、体内から排泄されにくいこと、又、急性毒性の他に発がん性、催奇形性、免疫毒性の疑いがあり、内分泌攪乱作用により生殖障害を起こすおそれもある等人体への影響が懸念されている。過去に海外での食品の高濃度汚染事例として1999年のベルギー産鶏肉等の動物用飼料原料由来のPCB汚染、イタリア産モッツァレラチーズのダイオキシン類汚染などがある。

ダイオキシン類はテトラからオクタクロロジベンゾ–p–ジオキシン

（PCDDs）、テトラからオクタクロロジベンゾフラン（PCDFs）及びダイオキシン様PCBs（（dioxin-like PCB（DL-PCBs）又はコプラナーPCBs（Co-PCBs））の総称であり、化学物質の合成や塩素処理、廃棄物の焼却過程などで非意図的に生成される。

　一方PCBは過去に工業製品として主にアメリカ、ドイツ、日本などで生産使用されたが、難分解性、高蓄積性及び長期毒性、又は高次捕食動物への慢性毒性を有する化学物質として、1974年から第一種特定化学物質として規制されている。各国のPCBは塩素化度が同程度のものは主要な異性体組成もほぼ同様である。PCBsは異性体間の物理・化学的性質や生体内安定性及び環境動態が多様なため、化学分析や環境汚染の様式を複雑にしている。DL-PCBsは、PCBsの構造でオルト位に置換塩素のないもの、あるいは1個のみもつ4塩化体以上の異性体で、共平面（coplanar）構造を示しダイオキシン（PCDDs/PCDFs）と類似した作用を示すことから、国内外ではこれらを含めて総合的に毒性評価が行われている。又、PCBsは過去の工業製品としての意図的な生産使用の他に、廃棄物の焼却や加熱などによるダイオキシン類と同様の非意図的な生成や、一部の有機顔料の不純物としての存在も確認されている。この場合のPCBs同族体及び異性体パターンはPCBs製品とは大きく異なるため、従来から行われていた電子捕獲型検出器（ECD）付きガスクロマトグラフィー（GC）法による総PCBs分析法での定量は困難である。

（1）分析法の概要

　ダイオキシン類の測定・分析方法は基本的に超微量の分離定量分析で、その過程は、試料採取、試料の前処理（抽出・クリーンアップ）そしてGC-MS分析（同定・定量）に分類される。これら全ての過程において、一貫した厳密な精度管理が要求される。ダイオキシン類の分析においては、毒性評価の観点から2,3,7,8-位塩素置換異性体を他の異性体から詳細に分離定量することが要求され、その他異性体、同族体についても4から8塩素化体が一般に分析されている。

　食品分析におけるダイオキシン類とPCB分析では、極微量分析の注意

点として、前処理技術が重要になる。特に脂肪含量の多い食品試料では濃度が高い場合もあり、前処理での脂質の除去が特に重要となる。ここでは「食品中のダイオキシン類の測定方法 暫定ガイドライン」（厚生労働省）を中心に記載する。なお、JIS 規格（JIS K 0311、JIS K 0312）については、最近の技術の進歩や使用実態を踏まえて内容の充実を図り、2020 年 3 月に改正版が出された。

　ダイオキシン類の分析は、濃度レベルが ppt（pg/g）もしくはそれ以下の極微量定量分析であるため、十分なクリーンアップの必要性や GC–MS 分析における妨害成分の干渉等、化学物質分析の中でも細心の注意を要する。現在ダイオキシン類に関して用いる分析装置は、高感度、高精度の高分解能型ガスクロマトグラフ質量分析計（GC–HRMS）であり、この分野の分析で大きく普及した。EU では食品のダイオキシン類のスクリーニング分析について GC–MS/MS 法も認められている。PCB 分析においても測定精度と感度安定性等を優先し、現在は GC–HRMS による方法が多くの分析マニュアルで整備されている。毒性があるとされている 29 種（PCDDs 7 種、PCDFs 10 種及び DL–PCBs 12 種）について WHO が提案した毒性等価係数を用いて毒性等量（TEQ）に換算して評価をするため、異性体の詳細分離も重要となる。

(2) 前処理

　試料の前処理は試料の調整、はかり取り、内標準物質の添加、有機溶媒による抽出、クリーンアップから成る。クリーンアップ不十分な試料では極微量の高感度 GC–HRMS 分析は困難である。前処理全般についての留意事項は本書第 1 章や第 2 章で記載されているので、より個別の具体的な事項について記述する。

　ダイオキシン類に比べ PCB は 1 から 10 塩素化体まで、異性体間の物理化学性が多様なため、特に油分の除去には注意を要する。「絶縁油中の微量 PCB に関する簡易測定法マニュアル」には、油分の多い試料における PCB 測定のための各種最新技術が多く掲載されているので参考になる。なお、これらの分析では、再分析の可能性等を考慮して、抽出液の一部を用

いて分析するのが一般的である。

①試薬・器具の留意点

　試薬や器具は分析に支障をきたす妨害成分の含まれていないことをブランク試験で確認しておく。分析に使用する資材からの溶出物が影響することもあるので、細心の注意を払うべきである。又、極微量の分析においては前処理操作過程や実験室環境の空気などからも汚染が考えられ、この影響を最小限にすること。特に、高濃度試料の影響が前処理器具、分析機器全てに及ぶため、分析環境の適切な整備が必要である。

　従来の知見からダイオキシン類分析結果に影響する事が判明しているものは、ブランクとしてバックグランドレベルで存在する PCB の一部異性体、特に PeCB（#118）、PeCB（#105）、TeCB（#77）など、その他実試料で比較的高く検出される OCDD 等である。

②試料の調製と内標準物質（クリーンアップスパイク）の添加

　試料重量の計測は試料中の濃度を出す上で重要で、天秤の校正や維持管理を適切に行うこと、又、水分含量や脂肪含量測定においても同様である。

　前処理操作全体を補正する内標準物質として、クリーンアップスパイクを用いる。^{13}C でラベルされたダイオキシン類や PCB を使用し、抽出前の試料に、通常、0.4〜2 ng 程度の量を添加する。又、内標準溶液の管理としては、溶媒の揮散による濃度変化防止策としての高気密保存ビンによる保存や、使用前後の重量管理記録も重要である。分析値は、試料と標準物質及び内標準物質の分析結果を比較することによって得られるため、分析値の信頼性を確保するために、トレーサビリティーが保障されている標準品を使用する。標準溶液を調製する場合には、希釈調整誤差要因も「不確かさ」に含めた上で妥当性を確認する。

③抽出

　試料はホモジナイザーなどを使用して細砕均一化後、抽出は、「食品中のダイオキシン類の測定方法 暫定ガイドライン」に①アセトン・ヘキサン溶媒抽出、②ジクロロメタン溶媒抽出、③アルカリ分解・溶媒抽出、④ソックスレー抽出、⑤脂肪抽出・アルカリ分解の5つの方法が掲載されている。試料に応じて適切な方法を選択する。なお、従来の PCB 分析の公定法

表 3-3-3　ダイオキシン類・PCB 分析に用いられるクリーンアップ手法

クリーンアップ手法の例	主たる除去目的など
DMSO/ヘキサン分配	油状試料からの芳香族化合物の選択的抽出と油の除去、脂肪族炭化水素、脂環式炭化水素
硫酸処理 （液-液洗浄、H$_2$SO$_4$/Silica gel）	大部分のマトリックスの分解除去、着色物質、PAHs 不飽和炭化水素、フタル酸エステル、一部の有機塩素化合物
アルカリ処理 （液-液洗浄、KOH/Silica gel）	フェノール類、酸性物質、脂質、タンパク質、単体硫黄
AgNO$_3$/Silica gel、AgO$_2$/Silica、活性化銅	含硫黄化合物 （S8）、DDE、脂肪族炭化水素類
シリカゲルカラムクロマトグラフィー	強極性物質、着色物質、有機塩素系農薬
アルミナ （or フロリジル） カラムクロマトグラフィー	低極性物質、PCDDs、PCDFs、有機塩素系農薬
フロリジルドライカラムクロマトグラフィー	アスファルテン、レジン、高分子物質
活性炭カラムクロマトグラフィー	Planar （平面構造） 化合物 （異性体） の選択的分取
HPLC （順相、逆相、GPC） Porous graphitized carbon （多孔質グラファイトカーボン PGC）、PYE、NPE など	高精度のクリーンアップ、分取

に適用されていたアルカリ分解法（アルカリ/メタノール加熱分解）については、高塩素化成分（特に OCDF や OCDD、DecaCB）がアルカリで脱塩素化などにより一部分解する可能性があるため、室温一晩放置によるアルカリ分解を適用する。又、脂肪抽出法は牛乳や肉類魚類で適用され、一部の抽出液を用いて脂肪含量の測定も行われる。

④クリーンアップ

　ダイオキシン類や PCB は疎水性でかつ比較的安定であるため、様々なクリーンアップ手法が適用できる。主なクリーンアップ方法と目的について表 3-3-3 に示した。分析目的及び試料に応じて適切な方法を採用する。

　①硫酸処理→ シリカゲルカラムクロマトグラフィー又は硝酸銀シリカゲルカラムクロマトグラフィー→ アルミナカラムクロマトグラフィー→ 活性炭シリカゲルカラムクロマトグラフィーの組み合わせでのクリーンア

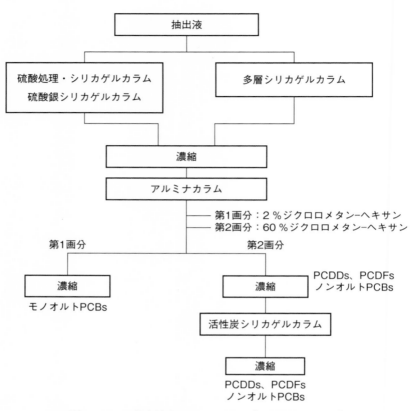

図3-3-14　代表的なクリーンアップの組み合わせ例[2]

ップ法や、②多層シリカゲルカラムクロマトグラフィー→ アルミナカラ
ムクロマトグラフィー→ 活性炭シリカゲルカラムクロマトグラフィーの
組み合わせでのクリーンアップ法等がある。**図3-3-14**に②の例を示した。
　その他、動植物油脂を除去するためのジメチルスルホキジド（DMSO）/
ヘキサン分配処理操作やGPCクリーンアップ等がある。アセトニトリル/
ヘキサン分配は、動植物脂質の除去には効果的だが、鉱物油には適さない。
　GPCクリーンアップは、ポリマー製ゲルろ過カラム（Divinylbenzene-
Styrene Copolymer等）とアセトンやシクロヘキサン等の有機溶媒を溶出

液として使用することにより、比較的分子量の大きな疎水性夾雑物を迅速かつ高効率で取り除くことができる。抽出操作で一緒に抽出される妨害成分（脂質/鉱物油/タンパク質/細胞断片/色素/フミン酸等）を除去することが可能である。

　カラムクロマトグラフィーを適用する場合は、吸着剤をクロマトグラフィー管に充填する際の気泡の除去、適切な試料量の負荷、充填剤の活性度や充填方法、溶出パターンの確認等が重要である。又、市販のカートリッジタイプのカラムも用途を限定すれば使用できる。なお、カラムクロマトグラフィーによる分画条件の確立には、内標準や実試料を用い、再現性と実試料のクリーンアップ効果を確認してから適用する。変動要因が少なく、効率的で確実なクリーンアップが望まれる。揮発性の高い低塩素PCB等は、前処理過程や濃縮時の揮散にも注意が必要である。

　GC-MS分析に供する最終処理液を作成する段階までには、多段階のクリーンアップ操作による試料溶液の移し替えや濃縮過程が含まれる。回収率向上のためには、丁寧な洗い込みによる移し替えや注意深い濃縮操作が重要である。窒素気流による少量濃縮操作では、特にダイオキシン類分析のように最終溶液を 100 μL 以下に濃縮する場合は、乾固させないことと、容器内壁に吸着しないよう気を付け慎重に行う。

（3）機器分析

　一般に、GC の分離カラムは、ダイオキシン類分析では、既に多くの GC カラムが検討され、現在は 2,3,7,8-位置換異性体の分離の良好な強極性カラムや、安定性に優れたカラムが併用されている[2)3)4)7)]。PCB 分析ではフェニルメチルシリコン系の微極性カラム（DB-5、Ultra#2、CP-SIL8 等）や、全異性体の分離が良好な HT8-PCB カラムが使用されている[1)5)6)8)]。

　GC-MS は感度と選択性が優れているとはいえ、ダイオキシン類分析では一般に汎用の低分解能の質量分析計では、選択性、感度の両方の面で不十分である。そのため、数十フェムトグラム〔fg：10^{-15} g〕まで選択的に定量可能な GC-HRMS を用いる。ダイオキシン類は環境中での存在量が極微量なため、1000 万倍程度の高い濃縮倍率が必要であり、試料液中には十

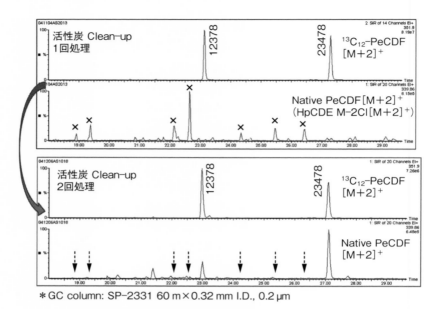

＊GC column: SP-2331 60 m×0.32 mm I.D., 0.2 µm

図3-3-15　鯨類脂肪のPeCDFsクロマトグラム
（塩素化ジフェニールエーテルのPCDFへの妨害の活性炭クリーンアップ操作段階の違い）

分なクリーンアップを行っても多くの夾雑物が存在する。**図3-3-15** は鯨類脂肪のダイオキシン類分析におけるPeCDFsへの妨害の影響の例を示す。活性炭クリーンアップを行っても、精密質量が同じである7塩素化ジフェニールエーテルのフラグメントイオンの妨害が見られたもの（HpCDE → PeCDF）で、更に活性炭クリーンアップを繰り返すことで、大部分の妨害の影響が排除できた[9]。クリーンアップが不十分な試料では、クロマトグラム上のピークがブロードになったり、イオン源及び注入口等が汚れたりする。また、イオン化効率の変動やモニターイオンの感度変動等が生じる。
　機器分析の条件は各種マニュアルに掲載されているので参照されたい。

(4) 微量分析の難しさ、問題点と課題
　分析装置の高感度化は、現状で限界に近いところまで来ている。実試料

の極微量分析をする場合、注意すべきポイントが多くあるが、試料マトリックスの影響を限りなく排除するクリーンアップ方法を行うことで、目的は達成される。目標とする分析濃度レベルが低くなればなるほど、分析誤差はより大きくなる。そのため、再現性や不確かさを確認し、最適化した合理的方法やデザインが必要である。対象物質の測定濃度レベルの極低濃度化と共に、高精度分析とスクリーニングを目的とした迅速分析の両立が求められる。

GC–HRMS は、ダイオキシン問題によって広く普及したが、その性能を引き出すには、装置の性能維持や豊富な知識経験が必要である。又、GC–HRMS 分析でも妨害成分は存在し、試料に応じて最適なクリーンアップ方法を可能な限り適用しないと、妨害物質の除去は不可能である。更に、これらの妨害物質が明らかになっても、目的物質に対し妨害成分が過大量の場合にはその除去が困難な場合も多い。物理化学的性質が非常に近い成分の分離除去が最も困難であり、ダイオキシン類の極微量分析は、この課題に取り組まざるを得ない。定量分析において重要な点は、個々の試料の状態や関連情報、分析時の情報、あるいは定量分析データを客観的に判断し、正しい結果であるかどうかの判定ができるかどうかである。分析結果に疑問があればあらゆる観点からの見直しや、別の手法での確認分析など、多面的に測定結果や、測定方法に関する妥当性の検証・評価もしておく必要がある。各手法にはそれぞれの利点も欠点もあるため、測定方法の限界を理解した上でデータを取り扱い、信頼性のある分析結果を提供する必要性が分析者に求められる。

3.3.5 有害金属

多くの金属は生物の生命維持に必須であるが、多量に摂取するとヒトに健康被害を及ぼす有害な金属もある。中毒を起こす有害金属例を**表 3-3-4**に示した。水銀やヒ素の中毒症状は有機態・無機態の化学形態によって異なり、本項では取り上げないが、正確なリスク評価のため化学形態別分析も行われている。

表 3-3-4　有害金属の中毒症状例

金属	慢性中毒の症状
鉛	幼児への神経発達障害、腎機能障害、腹痛など
有機水銀	末梢知覚障害、求心性視野狭窄、運動失調症など（水俣病）
カドミウム	骨軟化症、腎機能障害、歯牙黄色環、閉塞性肺疾患など（イタイイタイ病）
無機ヒ素	皮膚色素沈着症、気管支肺疾患、肺がん、皮膚がん、膀胱がんなど
クロム	皮膚潰瘍、肺がんなど

表 3-3-5　有害金属の成分規格及び暫定的規制値

食品	成分規格	
米（玄米及び精米）	カドミウム：0.4 ppm 以下	
粉末清涼飲料	ヒ素	：検出しない
	鉛	：検出しない
	スズ	：150.0 ppm 以下[*1]
食品	暫定的規制値	
魚介類[*2]	総水銀	：0.4 ppm
	メチル水銀	：0.3 ppm（水銀として）

＊1　金属製容器包装入りのもの。
＊2　ただし、マグロ類（マグロ、カジキ及びカツオ）、湖沼産を除く内水面水域（の河川産）の魚介類（湖沼産の魚介類は含まない）及び深海性魚介類等（メヌケ類、キンメダイ、ギンダラ、ベニズワイガニ、エッチュウバイガイ及びサメ類）については適応外。

　有害金属について食品衛生法では、食品ごとに成分規格や暫定的規制値を設定している。表 3-3-5 に示した規格のほか、農産物中の残留農薬基準として、鉛及びヒ素の限度値が定められている。

（1）金属分析の前処理法

　金属分析の前処理は有機物を除去し、分析装置へ導入できるよう溶液化することが目的である。主な前処理法に、乾式灰化、湿式灰化、マイクロ波分解がある。分析種、マトリックス及び使用する分析機器により、適した前処理法が異なる。表 3-3-6 に分析法ごとの前処理法の例を示す。
　分析種がヒ素や水銀など揮発性元素の場合、500℃前後での乾式灰化を

表 3-3-6　分析法と前処理法の組み合わせの例

分析法	主な前処理法
フレーム原子吸光法	乾式灰化 湿式灰化
電気加熱原子吸光法	乾式灰化
水素化物発生原子吸光法	湿式灰化
還元気化原子吸光法	湿式灰化 マイクロ波分解
ICP 発光分析法	乾式灰化 マイクロ波分解
ICP 質量分析法	乾式灰化 マイクロ波分解

避けなければならない。試料又は分析種の形態が難分解物質の場合、マイクロ波分解では分解不十分となる可能性がある。分析種とマトリックスの性質をよく考慮した上で前処理法を選択する。

　その他、前処理後に使用する分析機器の原理を十分理解して前処理法を選択しなければならない。例えば、ヒ素を水素化物発生原子吸光法で測定する場合、無機態のヒ素に完全に分解できる湿式灰化を選択する。水素化物発生原子吸光法では、三価の無機ヒ素と水素化ホウ素ナトリウムを反応させてアルシン（AsH_3）として気化させ、原子吸光を測定する。加熱温度が 250℃程度のマイクロ波分解では、有機態のヒ素を完全に無機態のヒ素に分解できないため、水素化物発生原子吸光法の前処理には不適切である。

　前処理に使用する酸の種類についても、分析機器の性質を考慮して選択する。例えば、硫酸を使用する湿式灰化では前処理後の試料溶液に硫酸が残存する。硫酸は粘性が大きいため、原子吸光分析装置などの分析機器にそのまま導入すると、物理干渉を起こす可能性がある。ICP 質量分析装置では、イオン源であるプラズマで硫酸を完全に気化できず、プラズマ以降のインターフェース部やイオンレンズ部へ導入され、装置を腐食又は劣化させる可能性がある。

　分析対象の微量元素は環境や器具に存在する場合が多く、前処理中のコンタミネーションに十分注意する。ガラス製器具では鉛やヒ素などが含ま

れる場合があり、前処理操作中に溶出することがある。微量元素を分析対象とする場合、PTFE などのフッ素樹脂素材の器具を使用することが望ましい。又、環境から汚染のある元素では、マイクロ波分解など密閉系の前処理が適している。

(2) 分析機器

　金属の定量分析には、原子スペクトル線を利用した原子吸光分析装置や ICP 発光分析装置が使用される。近年では、イオンを分析対象とした ICP 質量分析装置も幅広く利用されている。その他、蛍光 X 線分析装置も使用されるが、定量分析では未知試料の標準品作製が難しいため、定性分析で活用されることが多い。**図 3-3-16** に、それぞれの機器の検出感度を示した。

　有害金属は試料中に微量存在することが多く、高感度に分析できる ICP 質量分析装置が汎用される。又、試料のマトリックスに対する有害金属の割合が低く、共存物質の干渉を受けやすいため、それぞれの装置の干渉に留意しなければならない。

①原子吸光法

　原子吸光法とは、フレーム又は電気加熱で分析対象元素を基底状態の原子とし、光を透過した時の吸光度を測定する方法である。光の透過により原子は励起される。励起させる光の波長は元素によって異なるため、元素固有の波長を照射し、その吸収量により定量を行う。光源となるランプは元素ごとに用意する必要がある。各元素の分析波長例を**表 3-3-7** に示した。

　フレームで原子化率が十分でないヒ素やセレン、アンチモンが分析対象

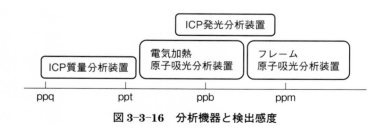

図 3-3-16　分析機器と検出感度

表3-3-7 各元素の分析波長例

元素	波長 (nm)	元素	波長 (nm)	元素	波長 (nm)	元素	波長 (nm)
Ag	328.1	Co	240.7	K	766.5	Ni	232.0
As	193.7	Cr	357.9	Li	670.8	Pb	283.3
Bi	223.1	Cu	324.8	Mg	285.2	Sb	217.6
Ca	422.7	Fe	248.3	Mn	279.5	Se	196.0
Cd	228.8	Hg	253.7	Na	589.0	Zn	213.9

表3-3-8 原子吸光法における干渉

干渉	内容	対処法
分光干渉	・他の元素のスペクトル線と重なり完全に分離できない ・高温で安定な気体分子による分子吸収や固体粒子による光散乱を受けて、見かけ上吸光度が大きくなる	・重なりのないスペクトル線を選択する。前処理により共存元素を取り除く ・バックグラウンド補正を行う
物理干渉	・試料溶液の粘性など物理的な要因によりフレームへの噴霧効率が変化する	・試料溶液と標準溶液の組成を一致させる ・標準添加法を行う
化学干渉	・共存成分との作用により解離しにくい化合物を生成する	・干渉抑制剤を加える
イオン化干渉	・イオン化エネルギーの低い元素（Na、K、Rb、Csなど）の共存によりイオンの平衡状態がかたより、分析対象元素の原子化が阻害される	・干渉抑制剤を加える

　の場合、還元して気体の水素化合物として測定する。水素化物発生装置で気化した水素化合物を加熱吸収セルに導入すると、感度良く原子吸光分析ができる。水銀分析では、還元気化、又は加熱気化方式の水銀専用の原子吸光分析装置を用いることが多い。

　原子吸光法では分光干渉、物理干渉、化学干渉及びイオン化干渉に注意しなければならない。各干渉及びその対処法（干渉補正法）を表3-3-8にまとめた。

　その他、電気加熱原子吸光法では、共存物質による気化損失などの干渉を抑制する干渉抑制剤（マトリックスモディファイヤー）が使用される。

② ICP 発光分析法

　ICP 発光分析法とは、分析対象元素をプラズマ中で気化・励起させ、基底状態に戻る時の発光強度を測定する方法である。元素により固有の波長を発光するので、その波長と強度を測定して定量する。

　プラズマはその構造により効率良く元素を励起・発光するため、自己吸収が少なく検量線の直線範囲が広い。加えて、シーケンシャル形、又は同時測定形の分光器で分光するので、原子吸光と異なり分析対象元素ごとにランプを必要とせず、多元素同時分析が可能である。水素、炭素、窒素、酸素、フッ素及び希ガスなどの元素を除くほとんどの元素の測定が可能である。

　ただし、ICP 発光分析法でも、原子吸光法と同様の分光干渉、物理干渉及びイオン化干渉が見られる。イオン化干渉では、イオン化エネルギーの低い元素の共存により、分析対象元素のイオン化率が大きく変化する。その場合、影響の少ない横方向（ラジアル方向）からの観測方式を選択すると良い。ICP 発光分析法ではプラズマ温度が高く、共存物質による難分解性塩を生成しないため、化学干渉はほとんど見られない。

　一方、多元素同時分析により、内標準法による干渉補正が可能である。内標準法とは、一定濃度の内標準元素を試料溶液及び標準溶液に添加して同時に測定し、内標準元素の発光強度に対する分析対象元素の発光強度比から濃度を算出する方法である。物理干渉、イオン化干渉やゆらぎによる信号変動の補正に有効な補正法である。

　なお、測定感度の悪いヒ素やセレン、アンチモンなどの元素は、原子吸光法と同様、水素化物発生装置を接続して気化した水素化合物を ICP 発光分析装置に導入すると、感度良く測定できる。

③ ICP 質量分析法

　ICP 質量分析法は、プラズマで発生した m/z（m はイオンの質量を統一原子質量単位で割った値、z はイオンの電荷数）を質量分析装置で選別し、イオン数をカウントする方法である。水素、炭素、窒素、酸素、フッ素及び希ガスを除くほとんどの元素を測定できる。高感度分析が可能なため、微量元素の分析に適している。多元素同時分析及び同位体比の測定も可能

である。

　共存する酸や元素に起因する物理干渉及びイオン化干渉が見られる場合、原因物質を除去するか、干渉が起きない程度に希釈する。ICP 質量分析装置はドリフト（感度変動）が比較的大きい装置であるため、感度変動の補正として内標準法を使用する。内標準法は物理干渉などの補正にも有効で、基本的に分析対象元素と m/z が近く、試料に含まれない元素を内標準元素とする。

　その他、ICP 質量分析法ではプラズマ内で発生する多原子イオンによるスペクトル干渉に注意を払わなければならない。多原子イオンは試料溶液中に高濃度存在する元素のほか、プラズマを生成するアルゴンガスや使用した酸の種類に起因する。磁場型二重収束の質量分析計では分解能が高く、多原子イオンの干渉をほとんど受けないが、四重極型の場合、^{75}As に対する $^{40}Ar^{35}Cl$ の干渉、^{52}Cr に対する $^{40}Ar^{12}C$ の干渉など様々な干渉が発生する。各 m/z におけるアルゴンガス、共存する酸及び塩類による多原子イオンの例を**表 3-3-9** に示す。これらの多原子イオンの除去には、コリジョンガスやリアクションガスが有効である。コリジョンガスは主に衝突による運動エネルギーの低下や多原子イオンの解離、リアクションガスは電荷移動や化学結合の切断・生成により、多原子イオンの干渉を軽減する。又、分析対象イオンとリアクションガスを反応させ、分析対象元素の m/z を変更して測定する方法もある（例：$^{75}As + ^{16}O \rightarrow ^{91}AsO$）。ただし、利用できるガスや状態が装置ごとに異なるため、異なる m/z や別の分析法で干渉を除去できているかを予め確認しておくことが望ましい。

　ICP 質量分析法では、試料溶液中の炭素に起因する増感効果が見られる。**図 3-3-17** は複数元素の標準液に、炭素源として酢酸を 0〜5 ％添加して測定し、0 ％の時のイオンカウントを 1 とした時のイオンカウント比をグラフに示したものである。炭素濃度（酢酸濃度）が高くなると、ほとんどの元素に増感傾向が見られるが、リン、ヒ素、セレン、テルルでは特にその傾向が大きい。食品についてマイクロ波分解した場合、二酸化炭素の溶存や有機物の未分解により、試料溶液中に炭素が残存していることがある。その場合、試料溶液でのみ増感してしまうため、試料溶液と標準溶液に一

表 3-3-9　硝酸、硫酸などが共存する時に観察される多原子イオン[1)2)]

m/z	元素	H₂O(HNO₃)	H₂SO₄	HCl	その他
23	Na				
24	Mg	$^{12}C^{12}C$			
25	Mg	$^{12}C^{13}C$			
26	Mg	$^{12}C^{14}N$			
27	Al	$^{12}C^{15}N$			
28	Si	$^{14}N^{14}N$, $^{12}C^{16}O$			
29	Si	$^{14}N^{14}NH$, $^{12}C^{16}OH$			
30	Si	$^{14}N^{16}O$			
31	P	$^{14}N^{16}OH$			
32	S	$^{16}O^{16}O$	^{32}S		
33	S	$^{16}O^{16}OH$	^{33}S, ^{32}SH		
34	S	$^{16}O^{18}O$	^{34}S, ^{33}SH		
35	Cl	$^{16}O^{18}OH$	^{34}SH	^{35}Cl	
36	Ar、S	^{36}Ar	^{36}S	^{35}ClH	
37	Cl	^{36}ArH	^{36}SH	^{37}Cl	
38	Ar	^{38}Ar		^{37}ClH	
39	K	^{38}ArH			
40	Ar、Ca、K	^{40}Ar			
41	K	^{40}ArH			
42	Ca	$^{40}ArH_2$			
43	Ca				
44	Ca	$^{12}C^{16}O^{16}O$			
45	Sc	$^{12}C^{16}O^{16}OH$			
46	Ti、Ca	$^{14}N^{16}O^{16}O$	$^{32}S^{14}N$		
47	Ti		$^{33}S^{14}N$		$^{31}P^{16}O$
48	Ti、Ca		$^{34}S^{14}N$, $^{32}S^{16}O$		$^{31}P^{16}OH$
49	Ti		$^{33}S^{16}O$	$^{35}Cl^{14}N$	$^{31}P^{18}O$
50	Ti、Cr、V	$^{36}Ar^{14}N$	$^{34}S^{16}O$		
51	V	$^{36}Ar^{14}NH$	$^{34}S^{16}OH$	$^{37}Cl^{14}N$, $^{35}Cl^{16}O$	
52	Cr	$^{40}Ar^{12}C$, $^{36}Ar^{16}O$	$^{36}S^{16}O$	$^{35}Cl^{16}OH$	
53	Cr	$^{36}Ar^{16}OH$		$^{37}Cl^{16}O$	
54	Fe、Cr	$^{40}Ar^{14}N$		$^{37}Cl^{16}OH$	
55	Mn	$^{40}Ar^{14}NH$			$^{23}Na^{32}S$
56	Fe	$^{40}Ar^{16}O$			$^{40}Ca^{16}O$
57	Fe	$^{40}Ar^{16}OH$			$^{40}Ca^{16}OH$
58	Ni、Fe	$^{40}Ar^{18}O$			$^{42}Ca^{16}O$, $^{44}Ca^{14}N$, $^{23}Na^{35}Cl$, $^{24}Mg^{34}S$
59	Co	$^{40}Ar^{18}OH$			$^{43}Ca^{16}O$, $^{42}Ca^{16}OH$, $^{24}Mg^{35}Cl$, $^{36}Ar^{23}Na$
60	Ni				$^{44}Ca^{16}O$, $^{43}Ca^{16}OH$, $^{25}Mg^{35}Cl$, $^{23}Na^{37}Cl$
61	Ni				
62	Ni				
63	Cu				$^{40}Ar^{23}Na$, $^{31}P^{16}O^{16}O$
64	Zn、Ni		$^{32}S^{16}O^{16}O$, $^{32}S^{32}S$		$^{27}Al^{37}Cl$, $^{48}Ca^{16}O$
65	Cu		$^{32}S^{16}O^{16}OH$, $^{33}S^{16}O^{16}O$, $^{32}S^{33}S$		$^{31}P^{16}O^{18}O$
66	Zn		$^{34}S^{16}O^{16}O$, $^{32}S^{34}S$		$^{31}P^{16}O^{18}OH$, $^{31}P^{35}Cl$, $^{54}Fe^{12}C$
67	Zn			$^{35}Cl^{16}O^{16}O$	
68	Zn	$^{40}Ar^{14}N^{14}N$	$^{36}S^{16}O^{16}O$, $^{32}S^{36}S$		$^{31}P^{37}Cl$, $^{54}Fe^{14}N$, $^{56}Fe^{12}C$
69	Ga		$^{36}Ar^{32}S$	$^{37}Cl^{16}O^{16}O$	$^{38}Ar^{31}P$
70	Ge、Zn	$^{40}Ar^{14}N^{16}O$			
71	Ga			$^{36}Ar^{35}Cl$	$^{40}Ar^{31}P$
72	Ge	$^{36}Ar^{36}Ar$	$^{40}Ar^{32}S$		$^{56}Fe^{16}O$
73	Ge		$^{40}Ar^{33}S$	$^{36}Ar^{37}Cl$	
74	Ge、Se	$^{36}Ar^{38}Ar$	$^{40}Ar^{34}S$		
75	As			$^{40}Ar^{35}Cl$	$^{40}Ca^{35}Cl$
76	Ge、Se	$^{36}Ar^{40}Ar$	$^{40}Ar^{36}S$		
77	Se	$^{36}Ar^{40}ArH$		$^{40}Ar^{37}Cl$	$^{40}Ca^{37}Cl$
78	Se、Kr	$^{38}Ar^{40}Ar$			$^{43}Ca^{35}Cl$
79	Br	$^{38}Ar^{40}ArH$			
80	Se、Kr	$^{40}Ar^{40}Ar$	$^{32}S^{16}O^{16}O^{16}O$		
81	Br	$^{40}Ar^{40}ArH$	$^{32}S^{16}O^{16}O^{16}OH$		
82	Kr、Se	$^{40}Ar^{40}ArH_2$	$^{34}S^{16}O^{16}O^{16}O$		^{81}BrH
83	Kr		$^{34}S^{16}O^{16}O^{16}OH$		
84	Kr、Sr		$^{36}S^{16}O^{16}O^{16}O$		

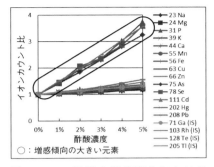

図3-3-17 酢酸の濃度変化における
各元素のイオンカウント比

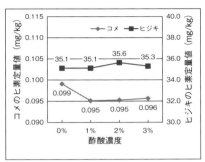

図3-3-18 酢酸の濃度変化における
ヒ素定量値の変化

定量の酢酸など有機溶媒を添加して増感度合いを一致させて測定する必要
がある。又、試料溶液中に炭素が残存しないように、マイクロ波分解後乾
固して炭素を除去し、再び溶液化する方法もある。

　図3-3-18にコメ試料0.5 gとヒジキ試料0.1 gをマイクロ波分解した時
のヒ素の定量値を示した。試料溶液及び標準溶液に酢酸を0〜3％になる
ように添加して測定した結果、酢酸濃度0％のコメ試料では炭素による増
感効果が見られ、定量値が高くなったことが分かる。一方、ヒジキ試料の
ように少量の採取量で試料溶液の希釈があると、試験溶液に残存する炭素
量は少ないため、増感は見られない。炭素による増感効果は装置や測定条
件に依存するので、増感度合いについては個々の装置で確認する必要があ
る。

3.3.6　魚貝毒

　日本は四方を海に囲まれた島国であるため、近海で獲れる魚貝類は縄文
時代から重要な栄養源とされてきた。魚貝類はもともと毒物を有するもの
は少ないが、毒物を産生する生物（微細藻類など）の食物連鎖を介して毒
化するものが少なからず存在する。**表3-3-10**に主な魚貝毒を示した。日
本ではフグ食の習慣があるため、フグを家庭で調理し有毒部位を喫食した

表3-3-10　主な魚貝毒による食中毒

毒名	毒産生生物	毒化生物	原因物質	中毒症状
麻痺性貝毒	*Alexandrium tamarense*、*Alexandrium catenella*、*Gymnodinium catenatum* などの渦鞭毛藻類など	ムラサキイガイ、ホタテガイ、マガキ、アサリ、アカガイ、バカガイ、タイラギ、トゲクリガニ、イシガニ、マボヤなど	カルバモイルトキシン群、スルホカルバモイルトキシン群、デカルバモイルトキシン群	軽症ではしびれ感など、中等症ではしびれ感が麻痺に、重症例では、呼吸麻痺が進行し、12時間以内に死亡
下痢性貝毒	*Dinophysis fortii*、*D. acuminata*、*D. mitra*、*D. norvegica*、*D. lenticular*、*D. tripos* などの渦鞭毛藻類など	ムラサキイガイ、イガイ、ホタテガイ、ヒオウギガイ、アカザラガイ、マガキ、イワガキ、アサリ、イタヤガイ、マボヤなど	オカダ酸群（オカダ酸、ジノフィシストキシン1、ジノフィシストキシン2、ジノフィシストキシン3）	食後4時間以内に発症し、下痢（水様便）、腹痛、嘔吐など、3-4日後にはほぼ完全に回復。予後は良好で死亡例はない
記憶喪失性貝毒	*Pseudo-nitzschiamultiseries*、*Pseudo-nitzschiaaustrali*、*Pseudo-nitzschia seriatas* などの珪藻類など	ムラサキイガイ、ホタテガイ、マテガイなどの二枚貝、モンゴウイカ、ダンジネスクラブ、スペスベマンジュウガニ、アンチョビー	ドウモイ酸	食後数時間以内に吐気、嘔吐、腹痛、頭痛、下痢、重症では記憶喪失、混乱、平衡感覚の喪失、けいれんがみられ、昏睡により死亡
神経性貝毒	*Karenia brevis*	ミドリイガイ、マガキなど	ブレベトキシンAタイプ、ブレベトキシンBタイプ	食後1-3時間で発症し、口内のしびれとひりひり感、運動失調、温度感覚異常など。胃腸障害を伴うこともある。死亡例はない
フグ毒	*Vibrio*属、*Bacillus*属、*Pseudomonas*属などの海洋細菌	クサフグ、コモンフグ、ドクサバフグ、ヒトデ、ヒョウモンダコ、イモリ、ヒモムシ、ヒラムシなど	テトロドトキシン	食後20分から3時間程度の短時間でしびれや麻痺症状が現れる。麻痺症状は口唇から全身に広がり、重症の場合には呼吸困難で死亡
シガテラ毒	*Gambierdiscus toxicus*	バラフエダイ、イッテンフエダイ、イトヒキフエダイ、バラハタ、アカマダラハタ、オオアオノメアラ、アズキハタ、イシガキダイなど	シガトキシン及び類縁化合物	ドライアイスセンセーション（温度感覚の異常）、掻痒、四肢の痛み。軽症では1週間程度で治まる。死亡例は極めて稀
パリトキシン及び関連毒	*Ostreopsis siamensis*	ブダイ科アオブダイ属のアオブダイ、ハコフグ科ハコフグ属のハコフグ	パリトキシン様毒	潜伏時間は概ね12-24時間と長く、主に横紋筋融解症、ミオグロビン尿症。重篤な場合には十数時間から数日で死に至る

　ことによるフグ毒中毒が全国で毎年発生しており、死者も出ている。一方、二枚貝の麻痺性貝毒及び下痢性貝毒では、毎年、日本各地で食品衛生法の規制値を超える事例が頻発しているが、生産海域における有毒プランクトン監視や出荷前検査によって、規制値を超過する二枚貝が市場に出回らないように管理がされているために、麻痺性貝毒及び下痢性貝毒による食中毒事例は長い間、発生していない。本項では、日本におけるリスク管理が極めて効果的に機能している麻痺性貝毒と下痢性貝毒の公定法について解

〈試験溶液の調製〉

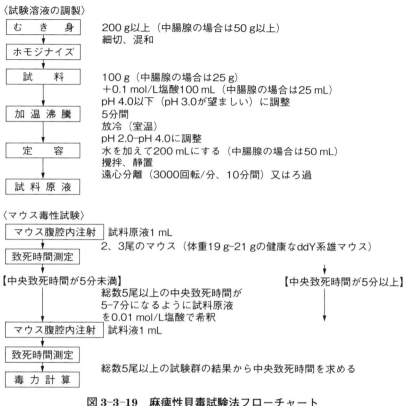

〈マウス毒性試験〉

図3-3-19　麻痺性貝毒試験法フローチャート

説する。

(1) 麻痺性貝毒試験法

　二枚貝中の麻痺性貝毒試験法[1]は、マウスの腹腔内に投与した毒量とマウスの死亡時間に一定の関係があることを利用したAOAC法[2]に準拠した生物試験法である。**図3-3-19**のフローチャートに示した通り、希塩酸で加熱抽出して得た検液をマウスの腹腔内に投与し、その死亡時間を秒単位で測定し、**表3-3-11**のマウス単位換算表（Sommerの表）に照らして毒

表 3-3-11　麻痺性貝毒の致死時間—マウス単位（MU）換算表（Sommer の表）

致死時間 分：秒	MU	致死時間 分：秒	MU	致死時間 分：秒	MU	致死時間 分：秒	MU
1：00	100	3：00	3.70	4：55	1.96	10：00	1.11
10	66.2	05	3.57	5：00	1.92	30	1.09
15	38.3	10	3.43	05	1.89	11：00	1.075
20	26.4	15	3.31	10	1.86	30	1.06
25	20.7	20	3.19	15	1.83	12：00	1.05
30	16.5	25	3.08	20	1.80	13：00	1.03
35	13.9	30	2.98	30	1.74	14：00	1.015
40	11.9	35	2.88	40	1.69	15：00	1.000
45	10.4	40	2.79	50	1.64	16：00	0.99
50	9.33	45	2.71	6：00	1.60	17：00	0.98
55	8.42	50	2.63	15	1.54	18：00	0.972
2：00	7.67	55	2.56	30	1.48	19：00	0.965
05	7.04	4：00	2.50	45	1.43	20：00	0.96
10	6.52	05	2.44	7：00	1.39	21：00	0.954
15	6.06	10	2.38	15	1.35	22：00	0.948
20	5.66	15	2.32	30	1.31	23：00	0.942
25	5.32	20	2.26	45	1.28	24：00	0.937
30	5.00	25	2.21	8：00	1.25	25：00	0.934
35	4.73	30	2.16	15	1.22	30：00	0.917
40	4.48	35	2.12	30	1.20	40：00	0.898
45	4.26	40	2.08	45	1.18	60：00	0.875
50	4.06	45	2.04	9：00	1.16		
55	3.88	50	2.00	30	1.13		

量を求める。毒量は体重 20 g のマウスを 15 分で殺す量が 1 マウス単位（MU）と定義されている。マウスに試料原液を投与し 5 分以上で死亡した場合はそのまま、5 分未満で死亡した場合は希釈し、1 群 5 尾以上のマウスの致死時間の中央値が 5-7 分となるように試験を行う。Sommer の表によって試験群の中央致死時間を試料液 1 mL 中の毒量（MU/mL）に換算し、これに希釈倍率を乗じて試料 1 g 当たりの毒量（MU/g）を求める。

　本法の対象分析種に含まれるカルバモイルトキシン群のサキシトキシンは、「化学兵器の禁止及び特定物質の規制等に関する法律」の特定物質に指定されているため、試験液にサキシトキシン又はその塩が含まれている蓋然性が完全に否定された場合を除き、分析後速やかに当該試験液全量を適切な方法により廃棄しなければならない。

　本法は食品衛生法の規制値（4 MU/g 可食部）に適合しているか否かを判定するために使うことができる唯一の方法ではあるが、マウスの命を犠牲にしていること、感度が悪いこと、検査コストが高いことなどの問題点が指摘されてきた。そこで、2015 年からは二枚貝の生産段階でのリスク管理においては、規制値より確実に毒量の低い検体を判別できるスクリーニング法の使用が認められている[3]。

(2)　下痢性貝毒試験法

　二枚貝中の下痢性貝毒の試験には、2015 年 3 月 6 日に厚生労働省から通知された「下痢性貝毒（オカダ酸群）の検査について」[4]に示された①選択性、②真度及び精度、③定量限界の性能基準を満たす方法を用いることとされている。この試験法で対象となる分析種は、オカダ酸、ジノフィシストキシン-1（DTX1）及びジノフィシストキシン-2（DTX2）並びにそれらのエステル化合物（DTX3）である。**図 3-3-20** のフローチャートに示した通り、メタノール及び 90 vol ％メタノールで抽出し、DTX3 を加水分解して、OA、DTX1 又は DTX2 に変換し、固相抽出により精製を行った後、LC-MS/MS で定量する方法である。LC-MS/MS の測定では、分析カラムに C18、移動相に水（2 mM ギ酸アンモニウム及び 50 mM ギ酸含有）及び 95 ％アセトニトリル（2 mM ギ酸アンモニウム及び 50 mM ギ酸含有）のグラジエント溶離、質量分析計のイオン化モードに ESI（－）、モニターイオンには OA 及び DTX2 で m/z 803 → 255、113 を、DTX1 で m/z 817 → 255、113 を用いる。定量限界は 0.01 mg/kg である。各分析種の定量値に毒性等価係数（TEF）を乗じたものの総和を OA 群濃度とする。OA と DTX2 は互いに位置異性体の関係にあるが、それぞれの TEF が異なるために、HPLC で分離し個別に定量する必要があることに注意しなければならない。

3.3.7　カビ毒

　カビが産生する二次代謝産物のうち、ヒトや動物に疾病或いは異常な生

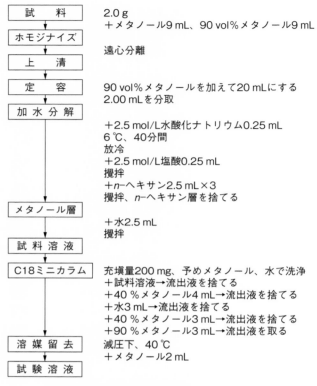

図3-3-20　下痢性貝毒試験法フローチャート

理活性を誘発する化合物質群を総称してカビ毒又はマイコトキシン（mycotoxin）という。カビ毒は、*Aspergillus*属、*Fusarium*属及び*Penicillium*属のカビが主に高温多湿な条件下で発育することによって生産される毒性物質で、熱や酸性条件に比較的安定な低分子化合物が多い。これまでに数百種類のカビ毒が確認されているが、その中でも世界各国でリスク管理が優先的に進められているのは、アフラトキシン類、オクラトキシンA、トリコテセン類（デオキシニバレノール、ニバレノール、T-2トキシン、HT-2トキシンなど）、パツリン、ゼアラレノン、フモニシン、ステリグマトシスチンなどである（**表3-3-12**）。

表 3-3-12　食品汚染に関わる代表的なカビ毒と汚染食品、毒性及び基準

カビ毒	主な産生菌	主な汚染食品	主な毒性	コーデックス基準	日本の基準
アフラトキシン (B₁、B₂、G₁、G₂)	*Aspergillus flavus* *Aspergillus parasiticus*	ナッツ類、トウモロコシ、米、麦、ハトムギ、綿実、香辛料	肝ガン、肝障害	落花生、木の実 加工前 15 µg/kg（総アフラトキシン）、木の実 直接消費用 10 µg/kg（総アフラトキシン）	全食品 10 µg/kg（総アフラトキシン）
アフラトキシン M₁	*Aspergillus nomius*	牛乳、チーズ	肝ガン、肝障害	乳 0.5 µg/kg	乳 0.5 µg/kg
オクラトキシン A	*Aspergillus ochraceus* *Aspergillus carbonarius* *Penicillium verrucosum*	トウモロコシ、麦、ナッツ類、ワイン、コーヒー豆、レーズン、ビール、豚肉製品	腎障害、腎ガン免疫毒性、催奇形性	小麦、大麦、ライ麦 5 µg/kg	なし
デオキシニバレノール	*Fusarium graminearum*	麦、米、トウモロコシ	消化器系障害	なし	小麦 1.1 mg/kg（暫定基準値）
ニバレノール	*Fusarium culmorum*	麦、米、トウモロコシ	免疫毒性、IgA 腎症	なし	なし
T-2、HT-2	*Fusarium sporotrichioides*	麦、米、トウモロコシ	食事性無白血球症（ATA症）	なし	なし
パツリン	*Penicillium expansum*	リンゴ、リンゴ加工	脳・肺腫瘍、消化器障害	りんご果汁及び他の飲料のりんご果汁原料 50 µg/kg	りんごジュース及び原料用りんご果汁 0.050 mg/kg
ゼアラレノン	*Fusarium graminearum* *Fusarium culmorum*	麦、ハトムギ、トウモロコシ	エストロゲン作用	なし	なし
フモニシン	*Fusarium moniliforme*	トウモロコシ	ウマ白質脳炎、ブタ肺水腫、肝ガン、肝臓ガン	未加工のトウモロコシ粒 4,000 µg/kg（FB1 及び FB2 の総量）、トウモロコシ粉（コーンフラワー）、ひき割り粉（コーンミール）2,000 µg/kg（FB1 及び FB2 の総量）	なし
ステリグマトシスチン	*Aspergillus versicolor*	麦、米	肝ガン、肝障害	なし	なし

　カビ毒による汚染が見られる食品は、大麦、小麦、とうもろこしなどの穀類、ピーナッツ、ピスタチオなどの木の実類、トウガラシ、ナツメグなどの香辛料類など、及びこれら食品を原料とした加工食品である。又、アフラトキシン B₁ に汚染された飼料を食べた家畜の乳からアフラトキシン M₁ が認められるように、カビ毒に汚染された飼料を食べた家畜にもカビ毒が残留する場合がある。

　日本では健康リスクの低減や健康被害の未然防止などの観点から、非常に強力な発がん性を有するアフラトキシン類、麦類において極めて高頻度

で検出されるデオキシニバレノール、りんごジュース中に検出されるパツリンに対して基準値が設定されている（2020 年 3 月時点）。本項では、基準値への適合性判定に用いる試験法について解説する。

（1）総アフラトキシン試験法

　食品中の総アフラトキシン（アフラトキシン B_1、B_2、G_1 及び G_2）試験法[1]は、**図3-3-21** のフローチャートに示した通り、多機能カラム又はイムノアフィニティーカラムによる前処理を行い、蛍光検出高速液体クロマトグラフィー（HPLC–FL）で検出・定量し、LC–MS 又は LC–MS/MS で確認試験を行う方法である。多機能カラムは穀類、豆類及び種実類に、イムノアフィニティーカラムは香辛料（とうがらし、パプリカなど）や加工食品、その他、多機能カラムでは精製が不十分な試料に適用する。図 3-3-21 のフローチャートでは、アフラトキシン B_1 及びアフラトキシン G_1 の蛍光強度を増加させるために、トリフルオロ酢酸による水酸化体への誘導体化を行っているが、この他にフォトケミカルリアクターによる誘導体化法（PR 法）や電気化学的誘導体化法（KC 法）も応用可能である。HPLC–FL の測定では、分析カラムに C18、移動相にアセトニトリル・水・メタノール（1：6：3）混液（イソクラティック溶離）、蛍光検出器の励起波長、蛍光波長に 365 nm、450 nm を用いる。定量限界は、何れの分析種も 1.0 μg/kg である。LC–MS（MS/MS）の測定では、分析カラムに C18、移動相に 10 mmol/L 酢酸アンモニウム・メタノール（3：2）混液（イソクラティック溶離）、質量分析計のイオン化モードに ESI（＋）、モニターイオンにはアフラトキシン B_1 で m/z 313（313 → 241、213）、アフラトキシン B_2 で m/z 315（315 → 259、287）、アフラトキシン G_1 で m/z 329（329 → 243、200）アフラトキシン G_2 で m/z 331（331 → 245、189）を用いる。

（2）アフラトキシン M_1 試験法

　乳中のアフラトキシン M_1 試験法[2]は、**図3-3-22** のフローチャートに示した通り、イムノアフィニティーカラムによる前処理を行い、HPLC–FL で検出・定量し、LC–MS 又は LC–MS/MS で確認試験を行う方法である。

〈試験溶液の調製〉
●穀類、豆類及び種実類の場合

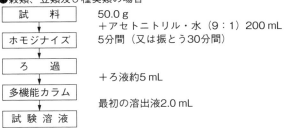

試　料	50.0 g ＋アセトニトリル・水（9：1）200 mL
ホモジナイズ	5分間（又は振とう30分間）
ろ　過	
多機能カラム	＋ろ液約5 mL
試験溶液	最初の溶出液2.0 mL

●香辛料、加工食品及び多機能カラムでは精製が不十分な試料の場合

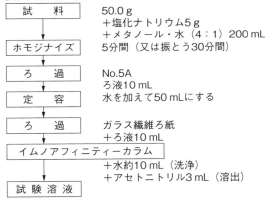

試　料	50.0 g ＋塩化ナトリウム5 g ＋メタノール・水（4：1）200 mL
ホモジナイズ	5分間（又は振とう30分間）
ろ　過	No.5A ろ液10 mL
定　容	水を加えて50 mLにする
ろ　過	ガラス繊維ろ紙 ＋ろ液10 mL
イムノアフィニティーカラム	＋水約10 mL（洗浄） ＋アセトニトリル3 mL（溶出）
試験溶液	

〈HPLC用試験溶液の調製〉

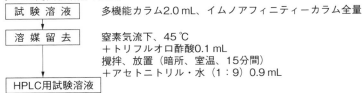

試験溶液	多機能カラム2.0 mL、イムノアフィニティーカラム全量
溶媒留去	窒素気流下、45 ℃ ＋トリフルオロ酢酸0.1 mL 攪拌、放置（暗所、室温、15分間） ＋アセトニトリル・水（1：9）0.9 mL
HPLC用試験溶液	

〈LC-MS用試験溶液の調製〉

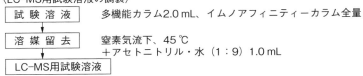

試験溶液	多機能カラム2.0 mL、イムノアフィニティーカラム全量
溶媒留去	窒素気流下、45 ℃ ＋アセトニトリル・水（1：9）1.0 mL
LC-MS用試験溶液	

図3-3-21　総アフラトキシン試験法フローチャート

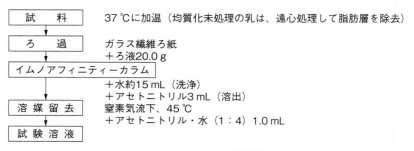

図 3-3-22　アフラトキシン M₁ 試験法フローチャート

HPLC-FL の測定では、分析カラムに C18、移動相にアセトニトリル・水
（1：3）混液（イソクラティック溶離）、蛍光検出器の励起波長、蛍光波長
に 365 nm、435 nm を用いる。定量限界は、0.05 μg/kg である。LC-MS
（MS/MS）の測定では、分析カラムに C18、移動相に 10 mmol/L 酢酸アン
モニウム及びアセトニトリルのグラジエント溶離、質量分析計のイオン化
モードに ESI（＋）、モニターイオンには m/z 329（329 → 273、229）を用
いる。

　なお、アフラトキシン B₁、B₂、G₁、G₂ 及び M₁ は強い発がん性を有する
物質であるため取り扱いに注意し、試験に用いた器具、前処理用カラム、
検体などは、0.5 v/v ％〜1.0 v/v ％の次亜塩素酸ナトリウムに 2 時間以上
浸漬した後に廃棄又は洗浄することが重要管理事項である。

（3）デオキシニバレノール試験法

　小麦中のデオキシニバレノール試験法[3]は、**図 3-3-23** のフローチャー
トに示した通り、多機能ミニカラムによる前処理を行い、紫外可視吸光光
度検出高速液体クロマトグラフィー（HPLC-UV）で検出・定量し、LC-
MS で確認試験を行う方法である。HPLC-UV の測定では、分析カラムに
C18、移動相にアセトニトリル・水・メタノール（5：90：5）混液（イソ
クラティック溶離）、UV の波長に 220 nm を用いる。確認試験には LC-MS
の他、トリメチルシリル化を行うことで GC-MS を用いることができる。

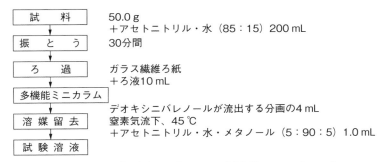

図 3-3-23 デオキシニバレノール試験法フローチャート

(4) パツリン試験法

清涼飲料水中のパツリン試験法[4]は、図 3-3-24 のフローチャートに示した通り、酢酸エチル及び 1.5 %炭酸ナトリウム溶液による液液分配を行い、HPLC-UV で検出・定量し、LC-MS 又は GC-MS で確認試験を行う方

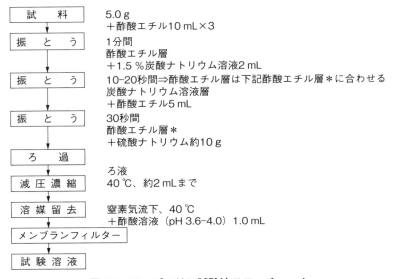

図 3-3-24 パツリン試験法フローチャート

法である。HPLC–UV の測定では、分析カラムに C18、移動相にアセトニトリル・水（4：96）混液（イソクラティック溶離）、UV の波長に 276 nm 又は 290 nm を用いる。

3.3.8　放射性物質

　2011 年の福島第一原子力発電所事故による食品への放射性物質汚染の発生を受け、「飲食に起因する衛生上の危害の発生を防止し、国民の健康の保護を図ること」を目的とした食品衛生法の観点から放射性物質を含む食品の規制が開始された。これに伴い、食品中の放射性物質検査法も整備された。事故から 9 年が経過した現在においても年間数十万件という多数の検査が実施されており、基準値を超過した食品が流通しないよう生産者や自治体などのたゆまぬ努力が続けられている。

（1）食品中の放射性物質の基準値

　2012 年 4 月 1 日より食品衛生法第 11 条第 1 項の規格基準として食品中の放射性物質の基準値が設定された[1]。本基準値は福島第一原子力発電所事故により放出された放射性核種のうち、半減期が 1 年以上の核種（セシウム 134（Cs-134）、セシウム 137（Cs-137）、ストロンチウム 90、プルトニウム、ルテニウム 106）の影響を考慮した上で放射性セシウム（Cs-134 と Cs-137 の和）濃度として、4 つの食品区分それぞれに設定されている。各食品区分に該当する食品及び基準値を**表 3-3-13** に示した。基準値設定の経緯や考え方については厚生労働省のホームページ[2]や関連書籍[3]などを、食品区分の詳細については「食品中の放射性物質に係る基準値の設定に関する Q & A について」[4]を参照されたい。なお、基準値を超過した場合、食品衛生法に基づき同一ロットの食品は回収、廃棄される。また、地域的な広がりが認められた場合、原子力災害対策特別措置法に基づき出荷制限などが指示されることとなる。

表 3-3-13　食品中の放射性物質の基準値

食品区分	含まれる食品の範囲	具体例	基準値(Bq/kg)
飲料水	直接飲用する水、調理に使用する水、及び水との代替関係が強い飲用茶	ミネラルウォーター類 原料に茶を含む清涼飲料水 飲用に供する茶　など ＊茶とはチャノキを原料とし、茶葉を発酵させていないもの（＝緑茶及びほうじ茶）を指す	10
乳児用食品	健康増進法第26条第1項の規定に基づく特別用途表示品のうち「乳児用」に適する旨の表示許可を受けたもの及び乳児（1歳未満）の飲食に供することを目的として販売する食品	乳児用調製粉乳 ベビーフード 乳児用食品（おやつなど） 乳幼児向け飲料　など ＊乳幼児向けの茶飲料及び牛乳には、それぞれ飲料水及び牛乳の基準値が適用される	50
牛乳	乳等省令第2条第1項に規定する乳、及び同条第40項に規定する乳飲料	牛乳 低脂肪乳 加工乳 乳飲料 ＊ヨーグルトやチーズなどの乳製品は含まない	50
一般食品	上記以外の食品	上記以外の食品	100

(2) 食品中の放射性物質検査の流れ

　検査対象核種は Cs-134 及び Cs-137 であり、「放射性セシウムのスクリーニング法」[5]及び「食品中の放射性セシウム検査法」[6]（確定試験法）に基づいた γ 線測定により検査される。検査の流れを**図 3-3-25** に示す。スクリーニング法は一般食品にのみ適用可能で、スクリーニングレベル（例えば基準値の 1/2）を下回る試料については「適合」と判定できるため、検査の効率化（確定試験法での検査数の削減）に非常に有用である。なお、スクリーニングレベル以上となった試料については必ず確定試験法で検査し合否を判定する。乳児用食品や牛乳、飲料水については、スクリーニング法での検査は認められていないため、全て確定試験法で検査する必要がある。

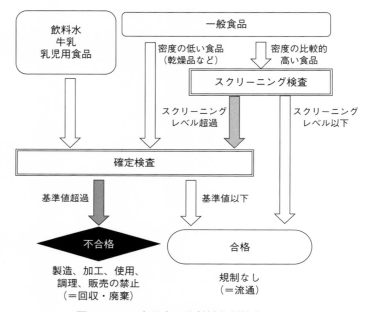

図 3-3-25　食品中の放射性物質検査の流れ

(3) 試料の前処理

　試料の前処理方法は、スクリーニング法でも確定試験法でも基本的に同じであり、「放射能測定法シリーズ No.24　緊急時における γ 線スペクトロメトリーのための試料前処理法」[7]に記載の方法に従う。ここでは特に注意すべき点について紹介する。

①検査部位、洗浄方法、検査時の状態に関する注意点

　食品によって検査部位や洗浄方法、検査時の状態などが異なる。代表的な食品の検査部位や検査時の状態を**表 3-3-14** にまとめた。詳細は参考資料[4)6-8)]を参照されたい。

②前処理時の注意点

　食品中の放射性セシウム検査における前処理では、①試料の取り違えの防止、②コンタミネーション（試料間の相互汚染や土壌などの可食部以外の混入など）の防止、③測定容器への試料の均一な充填、④測定容器及び

表3-3-14　検査部位、検査時の状態に関する注意点

食品	検査部位、洗浄方法、検査時の状態
生鮮食品 （肉、魚、野菜、果実など）	検査部位は可食部。食品ごとの検査部位や洗浄方法は前処理法[7]に記載に従う。洗浄、非可食部の除去後、生のまま細切し測定容器に均一に充填し検査に供する
加工食品	原則としてそのままの状態を測定試料とする。固体試料であれば細切、混合などの前処理が必要
茶	規定の方法[6]で浸出した浸出液を検査に供する。浸出効率に影響する条件[8]に留意して浸出する。一方、茶葉での検査も認められており、確定試験法で200 Bq/kg以下、スクリーニング法で150 Bq/kg以下となった場合は、飲用状態での検査を実施せずに「適合」判定が可能[9]。但し、上述の濃度を超過した場合は浸出液での検査が必要
乾燥食品 （きのこ、野菜、海藻、魚介類など）	原則として粉砕後の試料に加水してから測定する[6]とされているが、乾燥状態で測定後、通知に記載されている重量変化率で水戻し状態の濃度に換算することも認められている[9]

表3-3-15　前処理時の注意点とその対策

	前処理時の注意点	対策
①	試料の取り違えの防止	・検査試料や測定容器への管理番号の貼付 ・写真などを活用した検査試料情報の記録、管理　など
②	コンタミネーションの防止	・試料ごとの作業台の清拭や作業台のカバー交換 ・使い捨て器具を用いた前処理 ・使い捨てでない器具における器具洗浄の徹底 ・作業手順に基づいた検査試料の洗浄　など
③	測定容器への試料の均一な充填	・測定容器に応じた大きさでの試料の細切 ・粗密のばらつきが生じないように充填 ・試料高さの遵守　など
④	測定容器・検出器の汚染防止	・検出器へのカバーの装着 ・測定容器外側の清拭、カバーの装着 ・使い捨てでない測定容器における内袋の使用　など

　検出器の汚染防止が重要となる。各項目について主な対策を**表3-3-15**にまとめた。①、②、④はどのような検査にも共通するが、試料への管理番号の貼付による管理（**図3-3-26**）や使い捨て器具（**図3-3-27**）の使用、検出器へのカバー装着（**図3-3-28**）などが有効な対策である。③は放射線量既知の標準体積線源との比較により試料中の放射線量を求めるγ線

**図 3-3-26　管理番号による検査
試料の管理例**

包丁以外は使い捨てで使用

図 3-3-27　前処理に使用する器具の一例

図 3-3-28　ゲルマニウム半導体検出器へのカバー装着例

測定特有の注意点である。標準体積線源と同等のジオメトリーで試料を測定するのが原則であるため、試料及び充填密度を均一にすることや充填高さを遵守することが重要である。試料の細切と測定容器への充填例を**図 3-3-29** に示す。測定容器の大きさに決まりはなく**図 3-3-30** に例示する容器は全て使用可能であるが、事前に同じ容器で作製された標準体積線源で

上段：包丁によるキャベツの前処理と充填
下段：おろし器による大根の前処理と充填

図 3-3-29　試料の前処理と U-8 容器への充填

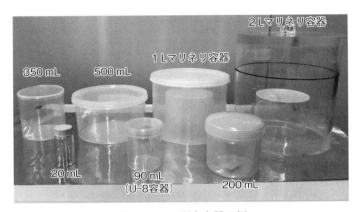

図 3-3-30　測定容器の例

測定装置を校正する必要がある。

（4）スクリーニング法

　スクリーニング法には用いることができる測定装置や具体的な方法は示

A）NaI（Tl）シンチレーションスペクトロメーター
B）CsI（Tl）シンチレーションスペクトロメーター
例示した機器にはオートサンプラーが搭載されており、
試料交換の自動化が可能

図3-3-31　スクリーニング法に使用可能な装置の一例

されておらず、要求される性能が規定されているのみである。例示として
NaI（Tl）シンチレーションスペクトロメーターが示されているが、その
他の装置でもスクリーニング法の性能要件を満たしていれば使用可能である。測定装置の一例を**図3-3-31**に示す。スクリーニング法における技術的性能の確認方法や信頼性の管理などについては、「放射性セシウムのスクリーニング法」[5]の別添に記載されているので参照されたい。スクリーニング法はあくまでも基準値を確実に超えないことを判定するための方法であり、試料中の放射性セシウム濃度を精確に測定することはできない。そのため、スクリーニング法のみで「適合」の判定は可能だが、「不適合」の判定はできない。

（5）確定試験法

　食品中の放射性セシウム検査法（確定試験法）[6]には、ゲルマニウム半導体検出器付き γ 線スペクトロメーター（**図3-3-32**）が測定装置として例示されており、「基準値濃度における測定値が計数誤差による標準偏差の10倍以上」という測定条件を満たすよう測定容器や測定時間を設定後、検査を行う。又、検出限界値は基準値の1/5の濃度以下と定められていることから、Cs-134とCs-137の検出限界値の和が一般食品については20 Bq/

図 3-3-32　ゲルマニウム半導体検出器付き γ 線スペクトロメーターの例

kg、乳児用食品及び牛乳については 10 Bq/kg、飲料水については 2 Bq/kg 以下になるように測定条件を設定する必要がある。**図 3-3-33** に同一試料をスクリーニング法（A）と確定試験法（B）で測定した際のスペクトルを示す。両者を比較すると分解能の違いがよく分かる。確定試験法での精確な放射性セシウム濃度測定結果からは「適合」、「不適合」の両方を判定することができる。

(6) 日常的な信頼性管理と結果の報告

　検査結果の信頼性管理については、スクリーニング法、確定試験法のそれぞれに示されている。検査の信頼性保証のためには、どちらの方法においてもバックグラウンドの測定や標準線源或いは濃度既知試料の測定を日常的に行い、測定下限値、検出限界値、真度などが通常の範囲を超えて変化していないか確認することが重要である。

　検査結果の報告は、測定機器の種類（NaI、CsI、Ge など）と検査結果について記載する必要がある。スクリーニング法では、測定結果が測定下限値未満の場合は「＜25 Bq/kg」（測定下限値が 25 Bq/kg の場合）のように測定下限値を明記する。スクリーニングレベル以下、測定下限値以上であった場合は、参考値として濃度を記載する。確定試験法での測定結果は、放射性セシウムとして Cs-134 と Cs-137 の両者の合計値を有効数字 2 桁で記載する。確定試験法で検出限界値未満となった場合は、「＜20 Bq/kg」

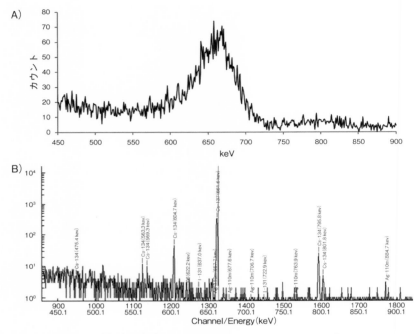

A) スクリーニング法（CsI(Tl)シンチレーションスペクトロメーター）
　　Cs-134（605 keV）とCs-137（662 keV）のピークが分離していない
B) 確定試験法（ゲルマニウム半導体検出器付きγ線スペクトロメーター）
　　Cs-134とCs-137のピークが完全に分離している

図3-3-33　食品試料中の放射性セシウムのスペクトル例

（検出限界値が 20 Bq/kg の場合）のように検出限界値を明記する。

3.3.9　遺伝子組換え体

　遺伝子組換え（GM）農産物の普及は目覚ましく、食品としての商業利用は世界中で広まっている。我が国においては、科学的・客観的なリスク評価に基づく安全性審査を義務化し、審査済みのもののみを流通可能とする仕組みが確立している。更に、安全性審査済みの GM 食品については表示制度が設けられている。

　そこで、我が国における遺伝子組換え食品の検査法についてだが、安全性未審査の GM 食品については、厚生労働省より通知検査法（厚労通知法）[1] が示されている。一方、安全性審査済みの GM 食品については、GM 食品の表示制度を担保するために消費者庁より通知検査法（消費者庁通知法）[2] が示されている。両通知法において、標的 DNA 配列を増幅・検知するポリメラーゼ連鎖反応（PCR）法が主要な検査法として採用されている。更に、検査対象ロット内では GM 食品が不均一に分布しているということを前提として、ロットを代表するような検体採取を行うために、対象となるロットの大きさ、荷姿、包装形態に応じた検体採取方法が示されている。加えて、安全性審査済みの GM 食品に関しては、表示義務の対象となる 33 食品群が規定されていることから、消費者庁通知法には、33 食品群のうち大豆、トウモロコシ、又はパパイヤを主な原材料とする 25 食品群についての検体前処理法も含め、詳細な記述がなされている。

　GM 食品検査を行うに際しては、該当する通知法に従って検査を行うことが求められる。本稿においては、個別の検査法についての紹介は行わず、GM 食品検査の主要なステップについて、概要及び留意すべき点などについて記す。なお、本稿ではサンプリングについては言及しない。

(1) 試験における一般事項

　GM 食品の検査・分析に用いられる PCR では、微量の鋳型 DNA であっても増幅されるので、目的外の DNA、特に PCR 産物のコンタミネーションは細心の注意を払って防止しなければならない。コンタミネーション防止のためには、白衣などの実験着やグローブの着用、使い捨てチップやチューブ類の使用は勿論であるが、検査・分析の流れに沿った作業動線を設定し、動線を逆行しないことが重要である。例えば、試料の粉砕、DNA の抽出、PCR 反応液の混合作業を別々の実験室で行い、これら実験室間を頻繁に行き来しないことや、常に清潔に保つなどの配慮が必要である。

　遺伝子組換え食品検査・分析マニュアル[3] には GM 検査における基本操作からコンタミネーション防止に至る迄、丁寧にまとめられているので、一読することが望ましい。

（2）前処理

　特に加工食品は様々な形状・性状であるため、通知検査法にも検体前処理法の記載がある食品群もある。例えば、納豆については、粉砕に先立って十分な洗浄をするよう記載されている。そして、多くの検体は粉砕器での処理を要するが、粉砕器には、刃が回転するカッターミル、粉砕ボールを利用するボールミル、遠心力と高速回転のローターにより粉砕する超遠心粉砕器など様々な種類があるので、試料の形状・性状に適した粉砕器を選択する。粉砕器はコンタミネーション防止のために、粉砕容器、カッターなどが分解でき、洗浄出来るものを用いる。更に可能であれば、洗浄後、滅菌出来るものが望ましい。なお、超音波ホモジナイザーはDNAを分解するので使用しない。

（3）抽出

　通知法には、代表的なDNA抽出精製法が示されている。セチルトリメチルアンモニウムブロミド（CTAB）とフェノール/クロロホルム混合液を用いて抽出精製するCTAB法は応用範囲が広いうえ、PCR阻害物質が残存し難いため、純度の高いDNAを得ることが出来る。しかし、フェノール、クロロホルムを用い、更に精製操作が煩雑といったことから、敬遠されることも多い。他方、市販のDNA抽出精製キットはPCRに適したDNA抽出が可能であり、且つ環境保全や実験従事者の健康面の観点からも負荷が少ないため、その使用が推奨される。代表的なものとして、シリカメンブランスピンカラムやイオン交換カラムを使用した方法がある。検査実施機関により扱う検体は異なり、試料中のマトリックスも大きく異なる場合があることから、実施する試験や検体の種類に適した方法を用いることが望ましい。

　抽出後のDNA溶液は、適宜希釈ののち、$200 \sim 300 \, nm$の範囲で紫外吸光スペクトルを測定し、230、260及び280 nmの吸光度を測定する。DNAは、230 nmで吸収極小を示し、260 nmで吸収極大を示す。又、タンパク質などの不純物は、280 nm付近に吸収を示す。O.D. 260 nmの値が1を50 ng/mL DNA溶液としてDNA濃度を算出し、滅菌水によりPCR用の溶液

を調製する。抽出後の DNA は、小分けして −20℃以下で凍結保存する。小分けにした DNA 溶液を 1 回ごとに使い切りとすることにより、凍結・融解の繰り返しを避ける。

　なお、加工食品においてはその加工条件によって DNA への影響が異なるため、分析可能な DNA が必ずしも抽出される訳ではないことに留意する必要がある。更に、加工食品に関しては、遺伝子によって加工過程での DNA 分解率が一定でないため、相対的な定量分析を行う定量検査法では正確な判定は出来ない。そのため、大豆及びトウモロコシの加工食品においては、リアルタイム PCR を用いた定性 PCR によって GM 食品混入の有無について判定し、必要に応じて原料に遡って定量検査を行う。

(4) PCR

　厚労通知法においては、対象組換え系統の有無を確認することに主眼が置かれているため、リアルタイム PCR 装置を用いた定性検査が主流である。一方、安全性審査済みの GM 食品を検査対象としている消費者庁通知法においては、混入許容値を超えているかどうかの判定が主眼となっており、条件に応じていくつかの検査法が提示されている。検査法の詳細については、両通知法を参照されたい。又、通知法には異なる PCR 機種を使用した際の、検査法が記載されているが、使用する機種により、試薬、反応液組成、反応条件、手技及び解析手法が異なるため、検査に際しては、機種ごとの記載に従い、必ず使用する機種に適した方法を用いる。

　通知法においては、TaqMan® Chemistry に基づくリアルタイム PCR 法が主として採用されている。同法では、プライマー対に加え、プライマー対により増幅される塩基配列中に相補鎖を形成するように設計された蛍光オリゴヌクレオチドプローブを使用する。同プローブにはレポーター、クエンチャー両色素が結合しており、DNA ポリメラーゼによる増幅産物の伸長反応に伴い加水分解を受けると、蛍光を放射する。蛍光強度は、PCR サイクル数に対し指数関数的に増加し、一定の蛍光強度に達する迄のサイクル数は、鋳型 DNA 量に依存する。従って、一定の蛍光強度に達した PCR サイクル数を比較することで、鋳型 DNA 量が求められる。このよう

にリアルタイム PCR 法では、DNA の増幅に比例して増加する反応液中の蛍光量をリアルタイムに直接測定する。そのため、増幅産物を直接扱う電気泳動などは不要であることから、コンタミネーションの可能性低減にも繋がる。

　GM 食品の検査においては、組換え体に特異的な配列と共に、非組換え体、組換え体を問わず普遍的に存在する遺伝子（内在性遺伝子）も重要なコントロール配列として検知の標的とする。定性分析においては、陽性対照の配列として使用される。即ち、内在性遺伝子の PCR 産物が得られない場合は、DNA 抽出の不具合、PCR 阻害因子の混入が疑われる。一方、定量分析においては、相対的な定量を行う際の内部標準配列となるため、非常に重要な役割を担っている。

　反応液の調製に際しては、反応組成、混合順序などを遵守する。通知法においては、TaqMan™ Universal PCR Master Mix などの市販のプレミックス PCR 試薬に対象プライマー対、対象プローブを加えた溶液（マスターミックス）を先ず調製するが、プレミックス PCR 試薬は粘性が高いため、混合操作を行う際には、混合が確実に行われるように注意する。特に、粘性の高い液体は、ピペッティングの際にチップに付着し易く、正確な分注が困難なため、リバースモードを利用してピペッティングをすることが推奨される（**図 3-3-34**）。

(5) 判定

　PCR 結果の解析及び判定はそれぞれの検査法について記載の方法に従う。厚労通知法には、結果の判定スキーム図がそれぞれの試験について掲載されている。消費者庁通知法においては、近年追加されたトウモロコシの検査法である、マルチプレックス PCR 法とグループ検査法を実施した際の試験結果について判定スキーム図が掲載されている。又、大豆及びトウモロコシの加工品における試験結果の判定スキーム図も掲載されている。

　安全性未審査 GM 作物が発生した場合や、新たに安全性審査済み GM 作物の流通が確認された場合は、それらの検査方法が追加されるなど通知法

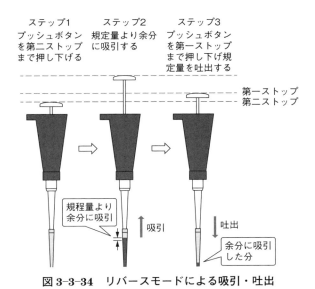

ステップ1
プッシュボタン
を第二ストップ
まで押し下げる

ステップ2
規定量より余分
に吸引する

ステップ3
プッシュボタン
を第一ストップ
まで押し下げ規
定量を吐出する

第一ストップ
第二ストップ

規程量より
余分に吸引

吸引

吐出

余分に吸引
した分

図3-3-34　リバースモードによる吸引・吐出

の改訂が行われている。特に、安全性審査済みのGM食品に関しては、2023年4月の改正食品表示基準の施行により、「遺伝子組換えでない」などの任意表示が新制度に移行するため、新たな検査法の整備も待たれる。更には、従来のPCR手法にとどまらず、デジタルPCRやLoop-Mediated Isothermal Amplification（LAMP）法などの新たな手法を用いた遺伝子組換え食品検査法の開発も進んでいることから、新規手法に基づく検査法の導入も将来的には期待される。GM検査に際しては、常に最新の通知法に基づき検査を実施することが求められる。

3.1.1

引用文献

1) 消費者庁、「食品表示基準について（平成 27 年 3 月 30 日消食表第 139 号）別添 栄養成分等の分析方法等」、p32.

参考文献

1) 消費者庁、「食品表示基準について（平成 27 年 3 月 30 日消食表第 139 号）別添 栄養成分等の分析方法等」.
2) 厚生労働省、「食品、添加物等の規格基準（昭和 34 年 12 月厚生省告示第 370 号）」.
3) 大堺利行、「カールフィッシャー滴定による水分量測定の原理」、*Review of Polarography*, 63, p.102（2017）.
4) 菅原龍幸、前川昭男監修、「新 食品分析ハンドブック」、建帛社（2000）.

3.1.2

引用文献

1)「日本食品標準成分表 2015 年版（七訂）　第 2 章日本食品標準成分表 PDF（日本語版）」、1　穀 類」http://www.mext.go.jp/component/a_menu/science/detail/__icsFiles/afieldfile/2017/12/20/1365343_1-0201r11.pdf、（2018 年 6 月 16 日現在）.
2) 鈴木祥夫、「総タンパク質の定量法」、ぶんせき、pp.2–9, 日本分析化学会（2018）.
3)「食品表示基準　別添：栄養成分等の分析方法等, 1 たんぱく質、（1）窒素定量換算法」、p.3,http://www.caa.go.jp/foods/pdf/160331_tuchi4-betu2.pdf、（2018 年 6 月 16 日現在）.
4)「日本食品標準成分表 2015 年版（七訂）分析マニュアル・解説」、pp.25–30, 建帛社（2015）.
5)「日本食品標準成分表 2015 年版（七訂）分析マニュアル・解説」、pp.30–32, 建帛社（2015）.

3.1.3

引用文献

1) 消費者庁、「食品表示基準について（平成 27 年 3 月 30 日消食表第 139 号）別添 栄養成分等の分析方法等」、p11.

参考文献

1) 消費者庁、「食品表示基準について（平成 27 年 3 月 30 日消食表第 139 号）別添 栄養成分等の分析方法等」.

3.1.4
参考文献
1）「食品表示基準について（平成 27 年消食表第 139 号）別添 栄養成分等の分析方法等」、消費者庁.
2）「日本食品標準成分表 2015 年版（七訂）分析マニュアル」、文部科学省.
3）「日本食品標準成分表 2015 年版（七訂）炭水化物成分表編」、文部科学省.

3.1.5
引用文献
1）Codex Alimentarius Commission（2019）Recommended methods of analysis and sampling. Codex Stan, 234–1999.
2）「食品表示基準について（平成 27 年消食表第 139 号）別添 栄養成分等の分析方法等」、消費者庁.
3）「日本食品標準成分表 2015 年版（七訂）分析マニュアル」、文部科学省.

3.1.6
引用文献
1）「食品表示基準について（平成 27 年消食表第 139 号）別添 栄養成分等の分析方法等」、消費者庁.
2）「日本食品標準成分表 2015 年版（七訂）分析マニュアル」、文部科学省.
3）三宅大輔ら、「日本食品科学工学会誌」64（6）、pp.312–318（2017）.
4）藤崎浩二ら、「食品衛生学雑誌」52（6）、pp.336–339（2011）.

3.1.7
参考文献
1）「食品表示基準について（平成 27 年消食表第 139 号）別添 栄養成分等の分析方法等」、消費者庁.
2）「日本食品標準成分表 2015 年版（七訂）分析マニュアル」、文部科学省.
3）日本食品化学工学会、「新・食品分析法」、光琳.

3.2.1
引用文献
1）「食品表示基準について（平成 27 年消食表第 139 号）別添 栄養成分等の分析方法等」，消費者庁.
2）「日本食品標準成分表 2015 年版（七訂）分析マニュアル」，文部科学省.

3.2.2
引用文献
1）日本薬学会編、「衛生試験法・注釈」、pp.194–197, 金原出版（2010）.

2) 「日本食品標準成分表 2015 年版（七訂）分析マニュアル・解説」、pp.175–190, 建帛社（2015）.
3) 中村　洋監修、「液クロ虎の巻」、pp.102–103, 筑波出版会（2001）.
4) 中村　洋監修、「分離分析のための誘導体化ハンドブック」、丸善（1996）.
5) H.Yoshida *et al.*, *J. Chromatogra*.B., pp.88–96,（2015）.

3.2.3

引用文献

1) 日本油化学会、『基準油脂分析試験法 2013 年版』2.4.4.3–2013 トランス脂肪酸含量（キャピラリーカラムクロマトグラフ法）、（2013）.
2) 「食品表示基準について（平成 27 年消食表第 139 号）別添 栄養成分等の分析方法等」、消費者庁.
3) 「日本食品標準成分表 2015 年版（七訂）分析マニュアル」、文部科学省.

3.2.4

引用文献

1) 「食品表示基準について（平成 27 年消食表第 139 号）別添 栄養成分等の分析方法等」、消費者庁.
2) 「日本食品標準成分表 2015 年版（七訂）分析マニュアル」、文部科学省.

3.2.5

引用文献

1) M. Fujimoto, K. Fujiyama, A. Kuninaka and H. Yoshino, *Agr.Biol.Chem.*, 38 (11)、2141〜2147（1974）.
2) 長峯文洋ら、「高速液体クロマトグラフィーによる K 値の測定」、青水加研報（1985）.
3) 藤森新ら、「アルコール飲料中のプリン体含有量」、尿酸、Vol.9、No.2（1985）.

3.2.6

引用文献

1) 「食品表示基準について（平成 27 年消食表第 139 号）別添 栄養成分等の分析方法等」、消費者庁.
2) 「日本食品標準成分表 2015 年版（七訂）分析マニュアル」、文部科学省.

3.2.7

引用文献

1) M. Markelov, J. P. Guzowski Jr., *Anal. Chim. Acta*, 276, 235（1993）.
2) N. Ochiai, K. Sasamoto, A. Hoffmann, K. Okanoya, *J. Chromatogr.* A, 1240,

59 (2012).

3.2.8
引用文献

1) Akiyama H., Imai T., Ebisawa M., (2011): "Japan Food Allergen Labeling Regulation — History and Evaluation." Adv. Food Nutr. Res., 62, pp. 139–171.

2) Matsuda R., Yoshioka Y., Akiyama H., *et al.*, (2006): "Inter–laboratory evaluation of two kinds of ELISA kits for the detection of egg, milk, wheat, buckwheat, and peanut in foods." J. AOAC Int. 89, pp. 1600–1608

3) Ito K., Yamamoto T., Oyama Y., *et al.* (2016): "Food allergen analysis for processed food using a novel extraction method to eliminate harmful reagents for both ELISA and lateral–flow tests." Anal. Bioanal. Chem., 408, pp. 5973–5984.

4) Seiki K., Oda H., Yoshioka H., *et al.* (2007): "A reliable and sensitive immunoassay for the determination of crustacean protein in processed foods." J. Agric. Food Chem. 55, pp. 9345–9350

5) Yamakawa H., Akiyama H., Endo Y., *et al.* (2007): "Specific detection of wheat residues in processed foods by polymerase chain reaction." Biosci. Biotech. Biochem. 71, pp. 2561–2564.

6) Watanabe T., Akiyama H., Yamakawa H., *et al.* (2006): "A specific qualitative detection method for peanut (*Arachis hypogaea*) in foods using polymerase chain reaction." J. Food Biochem. 30, pp. 215–233.

7) Taguchi H., Watanabe S., Tenmei Y., *et al.* (2011): "Differential detection of shrimp and crab for food labeling using polymerase chain reaction." J. Agric. Food Chem. 59, pp. 3510–3519.

8) Koizumi D, Shirota K, Akita R, *et al.* (2014): "Development and validation of a lateral flow assay for the detection of crustacean protein in processed foods." Food Chem. 150, pp. 348–352.

3.3.1
引用文献

1) 坂 真智子, *CHROMATOGRAPHY*, 33, pp.157–166 (2012).

2) http://elaws.e-gov.go.jp/search/elawsSearch/elaws_search/lsg0500/detail?lawId = 323AC0000000082、(2018 年 3 月 28 日現在).

3) http://elaws.e-gov.go.jp/search/elawsSearch/elaws_search/lsg0500/

detail?lawId＝322AC0000000233＆openerCode＝1、（2018年3月28日現在）.

4）http://elaws.e-gov.go.jp/search/elawsSearch/elaws_search/lsg0500/
detail?lawId＝415AC0000000048＆openerCode＝1、（2018年3月28日現在）.

5）食品に残留する農薬、飼料添加物又は動物医薬品の成分である物質の試験
法：厚生労働省医薬食品局食品安全部長通知、食安発第1129001号（平成17
年1月24日付）、第1129002号（平成17年11月29日付）.

6）http://quechers.cvua-stuttgart.de/、（2018年3月28日現在）.

7）坂　真智子、日本農薬学会誌, 35, pp. 580–586（2010）.

3.3.2
引用文献

1）食品に残留する農薬、飼料添加物又は動物用医薬品の成分である物質の試
験法について：厚生労働省医薬食品局食品安全部長通知、食安発第0124001
号（平成17年1月24日付）.

2）厚生労働省監修、「食品衛生検査指針　動物用医薬品・飼料添加物編」、社団
法人日本食品衛生協会（2003）.

3）神保勝彦ら、「食品衛生学雑誌」、36（4）、pp.525–531（1995）.

3.3.3
引用文献

1）食品中の食品添加物分析法について：生活衛生局食品化学課通知、衛化第15
号（平成12年03月30日付）.

2）「食品中の食品添加物分析法」の改正について　別添2：厚生労働省医薬・生
活衛生局食品基準審査課長、厚生労働省医薬・生活衛生局食品監視安全課長
通知、薬生食基発0628第1号、薬生食監発0628第1号（令和元年6月28
日付）.

3）「食品中の食品添加物分析法」の改正について　別添3：厚生労働省医薬・生
活衛生局食品基準審査課長、厚生労働省医薬・生活衛生局食品監視安全課長
通知、薬生食基発0628第1号、薬生食監発0628第1号（令和元年6月28
日付）.

4）下井俊子、井部明広、田端節子他、「食衛誌」、45、pp.332–338（2004）.

5）日本薬学会編、「衛生試験法・注解2015」、金原出版、pp.380–388（2015）.

6）田原正一、山本純代、山嶋裕季子他、「食衛誌」58、pp.124–131、（2017）.

7）日本薬学会編、「衛生試験法・注解2015」金原出版、pp.363–367（2015）.

8）プロピレングリコール及び天然着色料の使用基準について：厚生省環境衛生
局食品化学課長通知、環食化第32号（昭和56年6月10日付）.

3.3.4
引用文献
1)「JIS K 0093：2006 工業用水・工場排水中のポリクロロビフェニル（PCB）の試験方法」、日本規格協会.
2)「食品中のダイオキシン類の測定方法 暫定ガイドライン」厚生労働省医薬食品局食品安全部、（平成 20 年 2 月）.
3)「JIS K 0311：2020 排ガス中のダイオキシン類の測定方法」、日本規格協会.
4)「JIS K 0312：2020 工業用水・工場排水中のダイオキシン類の測定方法」、日本規格協会.
5)「絶縁油中の微量 PCB に関する簡易測定法マニュアル（第 3 版)」、環境省大臣官房廃棄物・リサイクル対策部産業廃棄物課（平成 23 年 5 月）.
6)「低濃度 PCB 含有廃棄物に関する測定方法（第 4 版)」、環境省環境再生・資源循環局廃棄物規制課ポリ塩化ビフェニル廃棄物処理推進室（令和元年 10 月）.
7) 二瓶好正監修、高菅卓三、「JIS 使い方シリーズ　詳解ダイオキシン類及びコプラナーPCB の測定方法　JIS K 0311、JIS K 0312：4. 試料の前処理」、pp. 71-104、日本規格協会（2001）.
8) 日本化学会編、高菅卓三、「第 5 版　実験化学講座 20-2 環境化学：3.4.2 PCB 類」、pp. 417-423、丸善（2006）.
9) 平井昭司監修、社団法人日本分析化学会編、高菅卓三「現場で役立つ　ダイオキシン類分析の基礎：第 3 章 試料の前処理」、pp. 50-96、オーム社（2011）.

3.3.5
引用文献
1)「JIS K 0133：2007 高周波プラズマ質量分析通則」、日本規格協会.
2) 日本分析化学会ほか、「分析化学実技シリーズ　機器分析編・17　誘導結合プラズマ質量分析」、日本分析化学会（2015）.

参考文献
1) 高久史麿ほか、「六訂版　家庭医学大全科」、法研（2010）.
2)「JIS K 0121：2006 原子吸光分析通則」、日本規格協会.
3)「JIS K 0116：2014 発光分光分析通則」、日本規格協会.

3.3.6
引用文献
1) 貝毒の検査方法等について：厚生省環境衛生局乳肉衛生課長通知、環乳第 30 号（昭和 55 年 7 月 1 日付）.

2) AOAC Official Method 959.08, Paralytic Shellfish Poison, Biological Method, AOAC INTERNATIONAL.
3) 生産海域における貝毒の監視及び管理措置について：農林水産省消費・安全局長通知、消安第 6073 号（平成 27 年 3 月 6 日付）.
4) 下痢性貝毒（オカダ酸群）の検査について：医薬食品局食品安全部基準審査課長、医薬食品局食品安全部監視安全課長通知、食安基発 0306 第 4 号、食安監発 0306 第 2 号（平成 27 年 3 月 6 日付）.

参考文献
1) 野口玉雄、「総説マリントキシン」、日本水産学会誌 69（6）、pp. 895–909、日本水産学会（2003）.

3.3.7

引用文献
1) 総アフラトキシンの試験法について：厚生労働省医薬食品局食品安全部長通知、食安発 0816 第 1 号（平成 23 年 8 月 16 日付）.
2) 乳に含まれるアフラトキシン M1 の試験法について：厚生労働省医薬食品局食品安全部長通知、食安発 0723 第 5 号（平成 27 年 7 月 23 日付）.
3) デオキシニバレノールの試験法について：厚生労働省医薬食品局食品安全部長通知、食安発第 0717001 号（平成 15 年 7 月 17 日付）.
4) 清涼飲料水等の規格基準の一部改正に係る試験法について：厚生労働省医薬食品局食品安全部長通知、食安発 1222 第 4 号（平成 26 年 12 月 22 日付）.

参考文献
1)「食品衛生検査指針　理化学編　2015」、日本食品衛生協会（2015）.
2) 小西良子、「食品を汚染するカビ毒の現状と対応」、生活衛生 Vol. 54 No. 4、pp. 285–297、大阪生活衛生協会（2010）.
3) 吉成知也、「カビ毒汚染事例と規制—日本に流通する食品におけるカビ毒の汚染実態—」、日本食品微生物学会雑誌 Vol. 34 No.2、pp. 107–110、日本食品微生物学会（2017）.

3.3.8

引用文献
1) 乳及び乳製品の成分規格等に関する省令の一部を改正する省令、乳及び乳製品の成分規格等に関する省令別表の二の（一）の（1）の規定に基づき厚生労働大臣が定める放射性物質を定める件及び食品、添加物等の規格基準の一部を改正する件について：厚生労働省医薬食品局食品安全部長通知、食安発 0315 第 1 号（平成 24 年 3 月 15 日付）.

2）厚生労働省ホームページ

　　https://www.mhlw.go.jp/shinsai_jouhou/shokuhin-detailed.html#kijun

3）松田りえ子、蜂須賀暁子、「放射性物質測定値の統計学的特徴と食品中のセ
シウム検査」、公益社団法人日本食品衛生協会（2014）.

4）食品中の放射性物質に係る基準値の設定に関する Q&A について：厚生労働
省医薬食品局食品安全部基準審査課長、監視安全課長通知、食安基発 0320
第 3 号、食安監発 0320 第 3 号（平成 27 年 3 月 20 日付）.

5）食品中の放射性セシウムスクリーニング法の一部改正について：厚生労働省
医薬食品局食品安全部監視安全課通知、事務連絡（平成 24 年 3 月 1 日付）.

6）食品中の放射性物質の試験法について：厚生労働省医薬食品局食品安全部長
通知、食安発 0315 第 4 号（平成 24 年 3 月 15 日付）.

7）「放射能測定法シリーズ No.24　緊急時における γ 線スペクトロメトリーの
ための試料前処理法」、原子力規制委員会（平成 31 年 3 月改訂）.

8）お茶の放射性物質の検査に係る留意事項について：生産局農産部地域作物課
長通知、24 生産第 271 号（平成 24 年 4 月 18 日付）.

9）食品中の放射性物質の試験法の取扱いについて：厚生労働省医薬食品局食品
安全部基準審査課長通知、食安基発 0315 第 7 号（平成 24 年 3 月 15 日付）.

3.3.9

引用文献

1）安全性未審査の組換え DNA 技術応用食品の検査方法について、厚生労働省、
（平成 24 年 11 月 16 日食安発 1116 号 3 号）別添「安全性審査済みの遺伝子
組換え DNA 技術応用食品の検査方法」.

2）食品表示基準について、消費者庁、（平成 27 年 3 月 30 日消食表第 139 号）
別添「遺伝子組換え食品表示関係」.

3）農林水産消費安全技術センター、「遺伝子組換え食品検査・分析マニュアル
第 3 版」（平成 24 年 9 月 24 日）.

索　引

監修者・執筆者略歴

＜監修者＞

中村　洋（なかむら・ひろし）

1968年東京大学薬学部卒業、1971年東大大学院薬博士課程中退後、東大薬学部教務職員、助手、米国 NIH Visiting Fellow を経て 1986 年助教授、1994 年東京理科大学薬学部教授、1996 年薬学部長・評議員、2005 年理事、2015 年名誉教授、この間放送大学客員教授、教科用図書検定調査審議会理科部会長、国家公務員 I 種試験委員、私立大学環境保全協議会会長、日本分析化学会（JSAC）会長等を歴任。現在、LC 研究懇談会委員長、JSAC 分析士会会長。

＜執筆者＞五十音順

穐山　浩（あきやま・ひろし）

1993 年千葉大学大学院薬学研究科博士課程修了、博士（薬学）。同年国立衛生試験所（現・国立医薬品食品衛生研究所）食品部研究員、1999 年科学技術庁長期在外研究員（カナダ・マックマスター大学医学部）、2001 年国立医薬品食品衛生研究所食品部第 3 室長、2007 年同所代謝生化学部第 2 室長、2011 年同所食品添加物部長、2015 年同所食品部長（現職）。東京農工大学工学部客員教授、大阪大学大学院薬学研究科招聘教授、千葉大学薬学部客員教授、薬事・食品衛生審議会食品衛生分科会農薬・動物用医薬品部会委員（部会長）。専門分野は分析化学、食品衛生化学、レギュラトリーサイエンス。

伊藤　裕信（いとう・ひろのぶ）

1998 年岐阜大学大学院農学研究科修了、財団法人日本食品分析センター（現・一般財団法人日本食品分析センター）に入所。抗生物質、油脂に関連する分析を担当し、油脂分析課課長を経て、現在、糖質分析課課長。

加藤　尚志（かとう・ひさし）

1999年東北大学大学院理学研究科修了、博士（理学）。理化学研究所基礎化学特別研究員、慶應義塾大学先端生命科学研究所特別研究助手、産業技術総合研究所計量標準総合センター主任研究員などを経て、2019年7月より株式会社エービー・サイエックス　プロフェッショナルサービススペシャリスト。専門分野は生体試料を対象とした分離分析化学。日本PDA製薬学会ERES委員。

北原　由美（きたはら・ゆみ）

1986年宇都宮大学農学部農芸化学科卒業、財団法人日本食品分析センター（現・一般財団法人日本食品分析センター）に入所。残留農薬、動物薬、合成抗菌剤、ビタミンに関連する分析を担当し、現在、栄養科学部副部長。

橘田　和美（きった・かずみ）

1989年東北大学農学部食糧化学科卒業、1991年カリフォルニア大学デービス校食品科学部修了、博士（農学）。農林水産省食品総合研究所食品理化学部農林水産技官、タフツ大学USDAヒト栄養学加齢研究センター客員研究員、独立行政法人食品総合研究所（現・国立研究開発法人農業・食品産業技術総合研究機構食品研究部門）企画調整部主任研究員、同GMO検知解析ユニット長、同信頼性評価ユニット長（現職）。内閣府食品安全委員会専門委員、ISO/TC34/SC16分子生物指標規格専門分科会委員、ISO/TC34/SC16/WG9コンビーナ、国立研究開発法人産業技術総合研究所標準物質認証委員会委員。

橘田　規（きった・ただし）

2000年横浜市立大学理学部要素科学科卒業、化学工業メーカーを経て、財団法人日本冷凍食品検査協会（現・一般財団法人日本食品検査）に入会。理化学試験業務、試験法開発業務に従事し、現在、事業本部試験部門副部長。食品産業コーデックス対策委員会専門委員、食品衛生登録検査機関協会技術検討部会執行役員・残留農薬等部会執行役員、ペットフード協会技

術委員会安全性部会委員、LC懇談会役員。

河野　洋一（こうの・よういち）
1994年愛媛大学大学院農学研究科修了、財団法人日本食品分析センター（現・一般財団法人日本食品分析センター）に入所。ダイオキシン類、機能性成分、糖類、有機酸、油脂に関連する分析を担当し、現在、栄養科学部長。

後藤　浩文（ごとう・ひろふみ）
1989年岐阜大学大学院農学研究科修了、財団法人日本食品分析センター（現・一般財団法人日本食品分析センター）に入所。動物薬・農薬残留試験、微生物試験、栄養分析等を経て現在は業務部副部長。日本油化学会規格試験法委員会委員（2009〜2015年）、日本薬学会環境・衛生部会食品成分試験法専門委員（2013年〜）、日本食品衛生学会編集委員会委員（2017年〜）。博士（学術）。

坂　真智子（さか・まちこ）
1983年明治大学農学部農芸化学科卒業、同年財団法人残留農薬研究所（現・一般財団法人残留農薬研究所）化学部に入所。2003年化学部残留第2研究室長、2009年博士（農学）、2014年試験事業部副部長、現在に至る。日本農薬学会評議員、農薬残留分析研究会委員長、農薬レギュラトリーサイエンス研究会委員、クロマトグラフィー科学会評議員、生物化学的測定研究会評議員、LC懇談会役員、農林水産省農業資材審議会臨時・専門委員、日本農薬分析法部会（JAPAC）副部会長。

佐藤　秀幸（さとう・ひでゆき）
1995年東京農業大学農学部農芸化学科卒業、財団法人日本食品分析センター（現・一般財団法人日本食品分析センター）に入所。基礎栄養成分、ミネラルに関する分析を担当し、現在、ミネラル分析課課長。

髙菅　卓三（たかすが・たくみ）

1985年愛媛大学大学院農学研究科修士課程修了、株式会社島津テクノリサーチに入社。環境事業部長を経て現在常務執行役員。博士（農学）（2001東京大学）。名誉博士（Örebro University, Sweden）。愛媛大学沿岸環境科学研究センター 客員教授（2006年〜）。一般社団法人日本環境化学会副会長、理事。公益社団法人日本分析化学会ダイオキシン分析技術セミナー実行委員長、技能試験委員会委員。ダイオキシン類 JIS 改正原案作成委員など各種マニュアル作成委員を歴任。専門分野は環境化学、分析化学、環境分析化学、廃棄物処理。

高橋　文人（たかはし・ふみひと）

1995年東京農工大学大学院農学研究科修了、財団法人日本食品分析センター（現・一般財団法人日本食品分析センター）に入所。無機成分、ビタミンに関連する分析を担当し、現在、ビタミン分析二課課長。文部科学省科学技術・学術審議会食品成分委員会委員（2016年〜）。博士（獣医学）。

竹澤　正明（たけざわ・まさあき）

1987年東京理科大学薬学部卒業、1989年東京理科大学大学院薬修士課程卒業、東レ株式会社入社、株式会社東レリサーチセンター出向。2001年薬物動態研究室長、2012年名古屋研究部長（現 CMC 分析研究部）。2019年から研究副部門長・バイオメディカル分析研究部長。LC 研究懇談会役員、日本分析化学会代議員。専門分野は医薬品分析、質量分析。

中村　貞夫（なかむら・さだお）

1988年慶應義塾大学理工学部卒業、1991年アジレント・テクノロジー株式会社に入社。現在、同社クロマトグラフィー・質量分析営業部門 GC・GC/MS グループ　アプリケーションマネージャー。工学博士。

中村　洋（なかむら・ひろし）

監修者参照。

中山　聡（なかやま・あきら）

1992年東京大学薬学部卒業、1994年東大大学院薬修士課程卒業、味の素株式会社に入社。医薬品開発における生体試料分析や品質規格設計など、25年にわたり分析関連業務に従事。2019年にバイオ・ファイン研究所 先端分析グループ長に着任し、現在に至る。専門はクロマトグラフィーとレギュラトリーサイエンス。

鍋師　裕美（なべし・ひろみ）

2010年大阪大学大学院薬学研究科博士課程修了、博士（薬学）。同年大阪大学大学院薬学研究科特任助教、2012年国立医薬品食品衛生研究所食品部研究員、2014年同部主任研究官に着任し、現在に至る。2013年より大阪大学大学院薬学研究科招聘教員、2015年より同科招聘准教授。専門分野は食品衛生化学、放射線化学、レギュラトリーサイエンス。

西川　佳子（にしかわ・けいこ）

1991年岐阜大学農学部農芸化学科卒業、財団法人日本食品分析センター（現・一般財団法人日本食品分析センター）に入所。アミノ酸、有機酸、核酸関連物質に関連する分析を担当し、現在、生化学分析課課長。

松岡　慎（まつおか・しん）

1995年千葉大学大学院園芸学研究科修了、財団法人日本食品分析センター（現・一般財団法人日本食品分析センター）に入所。抗生物質、機能性成分、ビタミンに関連する分析を担当し、現在、ビタミン分析課課長。日本ビタミン学会代議員（2019年〜）。

松本　衣里（まつもと・えり）

1996年京都府立大学生活科学部食物学科卒業、財団法人日本食品分析センター（現・一般財団法人日本食品分析センター）に入所。無機元素、化学形態別ヒ素に関する分析を担当し、現在、無機分析課主任研究員。2018年博士（海洋科学）、お茶の水女子大学生活科学部非常勤講師（2020年〜）。

三上　博久（みかみ・ひろひさ）

1975 年同志社大学工学部卒業、株式会社島津製作所に入社。HPLC の応用技術開発及びマーケティングマネージャー、米国駐在などを経て、2018 年 1 月より株式会社島津総合サービスリサーチセンターマネージャー。クロマトグラフィー科学会評議員（2002〜2012 年）・理事（2008〜2011 年）、LC 研究懇談会運営委員（2003 年〜）、新アミノ酸分析研究会幹事（2011 年〜）。

三宅　大輔（みやけ・だいすけ）

1993 年神戸大学理学部化学科卒業、財団法人日本食品分析センター（現・一般財団法人日本食品分析センター）に入所。ミネラル分析課課長、基礎栄養部副部長を経て、現在、経営企画室副部長。この間、日本薬学会環境・衛生部会容器・包装試験法専門委員、バイオマスマーク事業運営委員を歴任。

吉田　幹彦（よしだ・みきひこ）

1999 年千葉大学大学院自然科学研究科修了、財団法人日本食品分析センター（現・一般財団法人日本食品分析センター）に入所。現在、基礎栄養部副部長。日本食物繊維学会評議員（2016 年〜）。博士（学術）。

吉田　充哉（よしだ・みつや）

1999 年岐阜大学農学部生物資源利用学科卒業、財団法人日本食品分析センター（現・一般財団法人日本食品分析センター）に入所。食品添加物、化粧品に関連する分析を担当し、現在、添加物試験課課長。日本薬学会環境・衛生部会食品添加物試験法専門委員（2014〜2017 年）、同部会香粧品試験法専門委員（2017 年〜）、日本化粧品技術者会東日本支部常議員（2017 年〜）。

実務に役立つ　食品分析の前処理と実際　NDC 498.53

2020 年 7 月 28 日　初版 1 刷発行

$\begin{pmatrix}定価はカバーに\\表示してあります\end{pmatrix}$

Ⓒ　監修者　　中村　洋
　　発行者　　井水　治博
　　発行所　　日刊工業新聞社
　　　　　　　〒 103-8548　東京都中央区日本橋小網町 14-1
　　電　話　　書籍編集部　03（5644）7490
　　　　　　　販売・管理部　03（5644）7410
　　F A X　　03（5644）7400
　　振替口座　00190-2-186076
　　U R L　　https://pub.nikkan.co.jp/
　　e-mail　　info@media.nikkan.co.jp
　　印刷・製本　美研プリンティング㈱

落丁・乱丁本はお取り替えいたします。
2020 Printed in Japan
ISBN 978-4-526-07894-1

本書の無断複写は、著作権法上の例外を除き、禁じられています。